自己做才安心
一个苹果做面包

正因为苹果酵母，才会如此美味，让人爱不释口。

[日]横森昭子　著

陈榕榕　译

北京出版集团公司

北京出版社

Contents

chapitre

II

特殊日子的面包
viennoiserie

67

chapitre

III

博得欢心的面包
variation

83

< 食谱常识 >
食谱中的 1 大匙是指 15ml，1 小匙是指 5ml。
使用无盐奶油。

只要一个苹果
加上面粉和水
就能烘焙面包

起因只是一个苹果，却让我开始沉迷于由这小小的水果所发酵、制作的面包。我从事法国料理的教学多年，不经意间邂逅了苹果酵母面包。感动于只需要苹果、面粉和水这样简单的材料，就能制作烘焙出美味的面包，再加上培育酵母的乐趣，我不禁日日埋首于面包的烘焙当中。

用苹果酵母发酵做出的面包，特点是口感温和，散发出面粉自然的味道和芳香。根据搭配的食材和一起食用的菜肴的不同，苹果酵母面包时而绽放浓烈的个性，时而退居为最佳配角……如此深厚的包容力，正是其他面包所没有的独特魅力。每次品尝苹果酵母面包时，我总会不禁感叹"还是这个味道最好啊！"

那么，让我们一起来做做看吧。

我做面包大多使用裸麦或全麦面粉，以自然风味的乡村面包为主。用放在冰箱里慢慢发酵的苹果酵母制作面包，更能释放出面粉的美味，做出来的面包风味更加浓郁。所以尽管耗费时间，但是只要相信这每一分每一秒都是美味的关键，就能以轻松悠闲的心情投入准备了。另外，因为酵母是"生物"，所以不可能总是如我们所愿。和人类一样，酵母也有心情不好的时候和充满朝气的时候。就像养育孩子一样，即使一开始进行得不顺利，也不要中途放弃，要更有耐心地和它相处适应。总有一天，你能够理解酵母的"心情"。一旦掌握了诀窍，你将会体验到制作面包的无穷乐趣。

制作面包的流程

step 1

制作苹果酵母萃取液

制作苹果酵母面包的第1道工序，就是制作苹果发酵后的萃取液。虽说是制作，但其实就是把苹果、水还有发酵用的砂糖进行混合，操作极其简单。大约1~2周就能完成发酵。

step 2

制作酵母

酵母萃取液完成后，接下来就要制作面包烘焙的基础——酵母了。用萃取液混合高筋面粉作为面种，静置一天后，从第2天开始进行一天一次的"喂养"，这样持续5天后，酵母就制作完成了。

step 3

烘焙面包

利用刚完成的酵母制作面坯。本书中所介绍的都是放在冰箱里经过长时间发酵后做成的面包，虽然耗费时间和精力，但是经过缓慢的发酵，更能依个人的喜好烘焙出理想的面包。

制作苹果酵母面包的
基础

马上来做做看吧。从作为面包基底的酵母萃取液的制作到酵母的制作，还有简单的面包的制作流程，都会一一介绍。

step *1* 制作苹果酵母萃取液

必要的材料只有苹果、水和砂糖。接下来就全靠苹果的功力了。
需要做的只是静静地等待它自然地、轻松愉快地开始发酵。

所需的材料

苹果……………… 半个（任何品种都可以）
砂糖……………………………………10g
水…………………… 盛满容器的分量
密封罐……………… 容量约500ml左右

how to make

1．苹果洗净后，除去果蒂，连皮切块。

2．把材料放进煮沸消过毒的瓶罐里，盖紧瓶盖后，充分摇晃混合。在20~30℃的阴凉处静置7~10天（a）。为避免苹果变干，要每天摇晃一次瓶罐（b）。

3．5~7天后，瓶罐内开始聚集气体（气泡）（c）。此时每天打开一次瓶罐，释放气体（d）。

4．再过2天左右，液体呈现深厚的白浊感，产生更多的气泡（e）。打开瓶盖时如果发出"砰"的声音，就表示发酵完成了。

※如果散发出水果茶般的香味或酸奶般的发酵酸味，就代表萃取液完成了。

◎ 注意事项
·苹果的品质、甜度或季节、湿度，都会影响发酵的时间（夏季时最少需要5天，冬季时最多需要2周左右的时间）。
·已经完成的苹果萃取液，去掉里面的苹果，放进冰箱里可以保存1~2周。
·如果发出异臭或腐臭味，就表示发酵失败了，但是不要气馁，请试着再挑战一次吧！

煮沸消毒的方法

为了防止细菌的滋生，容器要先煮沸消毒。往锅里倒进可以完全淹没瓶罐的热水，然后煮沸3分钟（1）。取出瓶罐后，无须擦拭，自然风干即可（2）。

5~7天后

完成后的苹果酵母萃取液

step 2　制作酵母

接下来，制作可以称为苹果酵母面包之源的酵母。必须以一天一次的进度喂养面粉和水，这个过程与其说是制作，其实更像是在养育酵母。

所需的材料

高筋面粉…………………………………　100g
苹果酵母萃取液…………………………　60g
密封容器…………………………容量约1.6L

🌑 第1天

1. 过滤苹果酵母萃取液，留下60g的分量（a）。
※把剩余的萃取液放进冰箱里保存，以便在失败时可以备用。

2. 搅拌盆里倒入高筋面粉和苹果萃取液，用橡皮刮刀充分混合，直到没有粉粒状为止（b）。
※注意，不需要用手去揉面。

3. 等到混合成团状后放进容器，盖上盖子，在温度约30℃的地方静置2小时~半天时间（c，d）。

2小时~半日后

4. 等到酵母释放，面团胀到原来的2倍大时（e），再盖好盖子，移到冰箱。

第2天

所需的材料

高筋面粉………………………………… 80g
水………………………………………… 48g

1．从冰箱里取出酵母，放进搅拌盆中（f），然后加入高筋面粉和水，用橡皮刮刀搅拌混合（g，h）。
※不是揉面，而是搅拌混合至没有粉粒状为止。

2．成团状后再移回密封容器（事先洗好备用的）内，盖上盖子，在温度约30℃的地方静置2小时~半天时间（i）。

3．等到酵母释放，面团胀到原来的2倍大时，再盖上盖子放回冰箱。

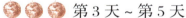 第3天~第5天

重复和第2天相同的步骤。

※随着喂养和发酵次数的不断增加，酵母的体积会越来越大。

 第6天

酵母制作完成（j）。发酵力会随着喂养而不断增强，第6天时酵母已经膨胀到能充满整个容器。此时，酵母已经培育完成，可以用来制作面包了。

◎ 酵母的保存与管理
·酵母必须放进冰箱保存。
·第6天以后仍要继续用面粉和水进行喂养，这样可以让酵母拥有更好的发酵力和稳定性。
·持续用面粉和水进行喂养，可以使酵母始终保持活力，有利于面包的制作。一旦停止喂养，酵母的发酵力就会衰弱，容易腐坏。

刚完成的酵母会粘住盖子，像年糕一样很有弹性。

Rustique 农家面包

这款简单的面包最适合初学者，天然的刀功或是无意间产生的裂口，都能让我们欣赏到农家面包不加修饰的天然姿态。

step 3　烘焙面包

终于要开始制作面包了。接下来介绍的面包都是以这一步作为
基础的，所以我们就先来试试最基本款的农家面包吧。

材料 可做 4 个（底边约 15cm）

<乡村面包面坯> *括号内是烘焙比例

高筋面粉·····························170g（85%）
裸麦面粉·······························15g（7.5%）
全麦面粉·······························15g（7.5%）
砂糖····································2g（1%）
水····································120g（60%）
盐·····································4g（2%）
酵母···································50g（25%）

迷迭香（干的）·························· 适量

how to make

{ 制作面坯 }

1. 搅拌盆里放入面粉、砂糖、水，混合成
团（a，b）。

2. 等面坯大致成团后，取出来放在平台上，
揉圆面坯，用搅拌盆盖好静置20分钟（c）。

3. 面坯中加入盐（d），然后反复摊开再揉
圆，直到没有颗粒感为止（e）。
※等到盐渗入后，面坯会明显收缩。

4. 然后加入酵母（f）。用手掌根部揉压摊
开面坯，再把摊开的面坯揉搓成圆形（揉
压）（g，h）。
※加入酵母后再开始揉搓，刚开始的时候要稍
微使点劲，但随着面坯的延展即能渐渐掌握诀窍

a　　　　　　　　　b

面坯还干干巴巴的状态

c

d　　　　　　　　　e

f

g　　　　　　　　　h

9

5．等面坯变得湿润有黏性后，左右手交替如滚动面坯般轻轻揉压（滚揉）（i，j）。

6．检查面坯是否出现面筋。如果把面坯摊开至很薄时出现网状的薄膜，就表示完成了（K）。

{ 一次发酵 }

7．塑料袋内侧涂抹上色拉油，把揉成圆形的面坯放进塑料袋里，绑好袋口。在室温（22℃左右）下静置约1小时（l）。

8．把面坯从塑料袋里取出，重新调整成圆形（m）。

※揉圆面坯是为了释放气体。

9．把面坯放回塑料袋，在室温下再静置约30分钟，然后再移到冰箱里，经过18~48小时进行一次发酵。

10．从冰箱里拿出面坯，连同塑料袋一起静置30分钟~1小时，让面坯温度恢复到室温。

{ 静置发酵 }

11．把面坯从塑料袋里取出，轻轻地调整回圆形后，盖上搅拌盆，静置发酵20分钟（n）。

揉好的面坯质感柔软、湿润，就像会吸附在手上一样。

等到塑料袋和面坯之间产生小气泡后，就可以放进冰箱了。

完成静置发酵后的面坯，表面圆滑，并且松软黏手。

{ 定　　型 }

12. 平台上撒上面粉，用擀面杖擀出边长15cm的正方形（o，p）。

※如果出现面坯急速收缩的情况，就说明静置发酵的时间不够，再让它休息一下吧。

13. 用橡皮刮板从对角线划下，把面坯切成三角形（q）。

{ 二次发酵 }

14. 用棉麻布折出间隔，把切开的面坯放进去（r）。在温度30℃的地方进行70~90分钟的二次发酵。

摸一下面坯的侧面，如果不再紧绷，而有了蓬松感，就代表二次发酵完成了（s）。

※为了避免面坯过于干燥，必要时可以喷水。

二次发酵后，面坯膨胀为原来的2倍大。

{ 烘　　焙 }

15. 往面坯上喷水后，撒上面粉（材料以外的全麦面粉）（t），放上迷迭香做装饰（u），然后将面坯移到烤盘纸上。

16. 把烤盘放进烤箱里，用230℃预热，再把面坯和烤盘纸一起移到滚烫的烤盘上，施加蒸汽（参照P15），用210℃烘焙20分钟（v）。

用裸麦面粉喂养而成的

裸麦酵母

variation
（变化做法）

制作裸麦面包面坯的时候，使用的是用裸麦面粉喂养而成的裸麦酵母。和小麦面粉所喂养的酵母不同，裸麦酵母外表看起来是茶褐色、干巴巴的，风味自然也是截然不同的，可以制作出香味独特、风味浓郁的面包。

🍎 第1天

所需的材料

裸麦面粉·······················100g
苹果酵母萃取液·················60g
密封容器·····················容量约1.6L

1. 搅拌盆里放入裸麦面粉和过滤过的苹果酵母萃取液，混合搅拌至没有粉状物为止（a，b）。

2. 成型后放进容器内，盖上盖子，放置在温度30℃左右的地方2小时~半天（c）。

3. 等到酵母释放，面坯膨胀到原来的2倍大时，盖上盖子移到冰箱里。

🍎🍎 第2天~第5天

喂养的材料

裸麦面粉·······················80g
水·····························48g

1. 从冰箱里取出酵母，放入搅拌盆后加入裸麦面粉和水混合搅拌（d）。

※因为裸麦酵母比较硬，所以从第2天开始要用手来搅拌混合。

2. 等到成型后再放回密封容器（事先洗好备用的）（e），盖上盖子，放置在温度30℃左右的地方2小时~半天，再移到冰箱里。

第6天

裸麦酵母制作完成（f）。裸麦酵母外表看起来干巴巴的还有些硬，但实际上却很柔软，就像酒糟的质地。

◎ 酵母的保存与管理
·裸麦酵母和小麦面粉的酵母一样，都需要放进冰箱里保存，持续喂养可以培育出更加稳定的酵母。
·小麦面粉所喂养的酵母（P7），在中途也可以改由裸麦面粉和水来喂养，这也是培育裸麦酵母的一种方法。只要面粉中大约80%以上是裸麦面粉，就可以当作裸麦酵母来用。

🌾 裸麦酵母制作的面包 🌾

本书中材料有标记"裸麦面坯"的面包，都是用裸麦酵母做的。
主要有：黑麦面包（P53）、无花果乡村面包（P55）、栗子酱裸麦面包（P58）、红豆裸麦面包（P59）、甜橘裸麦面包（P59）、蓝莓&葡萄干五重奏（P61）、水果馅面包（P63）、面包棒（P65）。

外表看起来似乎没有什么变化，但其实已经变得柔软并且微微蓬松了。

面包制作
的要点

这是为了烘焙出美味的面包，整理出的基本常识和诀窍。当您在制作面包的过程中对各步骤有所迷惑时，可以作为参考。

{ 制作面坯 }

── 面坯的种类 ──

根据面粉、水分、油分的比例不同，面坯会有各种不同的形态，这也是面包制作的乐趣之一。本书将介绍5种各具特色的面坯。

<法式乡村面包的面坯>

法式乡村面包的面坯风味浓郁且带有面粉质朴的甜味和香气。法式乡村面包的面坯是采用小麦面粉、裸麦面粉、全麦面粉三种面粉混合搭配制成的，富有嚼劲且具有百尝不厌的温柔风味，不管是用来做软系面包还是硬系面包都很合适。

<吐司面坯>

吐司面坯是采用100%的小麦面粉制成的白色面坯，富有弹性且易膨胀，烘焙后口感温润而松软。吐司面坯和苹果酵母搭配后，能够散发出特有的清新芳香，也适合用来制作农家面包和各类小餐包。

<全麦面坯>

全麦面包的面坯使用的是全麦面粉。全麦面粉是连同外皮将整颗小麦磨碎而制成的面粉。用全麦面坯制作的面包，特点是风味天然，味道里还带有些许的野性。这款面包越嚼越有味，口齿留香、富有嚼劲，而且营养价值也很高。

<裸麦面坯>

裸麦面坯由裸麦酵母种和裸麦面粉制作而成。一般的裸麦面包大多带有强烈的酸味，但是搭配苹果酵母后，酸味竟然消失了，反而让人品尝到了裸麦独特的芳香和自然的甜味。温润的口感也很有魅力，适合用来制作硬系的面包。

<牛奶面坯>

牛奶面坯使用了牛奶和奶油，是带有温和且浓郁风味的豪华面坯，特点是带有淡淡的甜味和柔滑的质感。从蔬菜面包到甜系面包，牛奶面坯和各种食材都可以搭配，使用方法多种多样。

<其他面坯>

还有其他添加了苹果酵母的各种各样的面包。例如不用水只用鸡蛋制成的布里欧修面坯和奶油交织而成的可颂，以及添加酵母的糕点酥饼等。由于使用了苹果酵母，也让既有的风味有了不同的变化。

── 烘焙比例 ──

本书采用材料重量标记方法的同时还采用烘焙比例的标记方法。烘焙比例是指当面粉类（小麦面粉、裸麦面粉、全麦面粉等）的总重量标记为100%时，其他材料和面粉类的对应比例。想要改变面粉的总重量时，可根据这种计算方法进行调整。

此时的计算公式为：
面粉的总重量×材料的烘焙比例=材料的预备量（g）

以右表的法式小餐包为例，面粉类的总重量是高筋面粉170g+裸麦面粉15g+全麦面粉15g，共200g。例如材料中的盐，烘焙比例是2%，需要的盐是200g×2%，也就是4g。

---

petit pain 例·法式小餐包

材料 可做6个（直径约8cm）

<乡村面包的面坯> *括号内是烘焙比例

高筋面粉	170g（85%）
裸麦面粉	15g（7.5%）
全麦面粉	15g（7.5%）
砂糖	2g（1%）
水	120g（60%）
盐	4g（2%）
酵母	50g（25%）

13

{ 切　割 }

——切割的基础——

切割发酵后的面坯，成功的关键在于能否用橡皮刮板利落地把面坯切割开来。
撕裂或拉扯面坯都会破坏面筋，这也是造成面坯不能顺利膨胀的重要原因，要多加注意。
所以切割时，注意不要过度拉扯面坯。

·切割的方法

先在面坯上相间地划出刀痕（a），然后从切口处拉
伸开来调整为细长的棒状（b）。做好大致的标记，
用橡皮刮板切割开来（c）。这样一来就能等分地
切割面坯。为了能均一地烘焙面包，可以用秤称重
面坯的重量，力求等分。

需要调整面坯量的时候，要把少
量的面坯附在断面上，让面坯的表
面保持光滑，这样才更容易揉圆。

——揉圆的基础——

要熟练掌握揉面的技巧，比起形状更应该注意面坯的弹性和
表面的光滑度，这些足以关系到面坯的膨胀状况。

·揉圆小面坯时

摊开面坯，对折（a），用右手来回滚动面坯，直到表
面带有弹性（b）。重复该动作3~4次直到面坯表面
变光滑，然后反过来捏住接口使其闭合（c，d）。

·揉圆大面坯时

从面坯的表面向里侧按压揉圆（a）。为了使空气
从底下释放，再次揉压面坯，让表面富有弹性（b）。
像这样反复5~6次，再反过来捏住接口使其闭合
（c）。面坯接口朝下，放在平台上，然后轻轻滚动
直到接口痕退去（d）。

手上的面粉量大致如图，不要太
多也不要太少，手掌表面微微变白
就可以了。

{ 静置发酵 }

── 静置发酵的作用 ──

一次发酵后，切割揉圆的面坯会略有些紧绷，而静置发酵的目的就是为了舒缓这种紧绷感，让面坯恢复到容易成形的状态。静置发酵时，面坯还在持续发酵中，因此要把这当作制作面包的一道重要工序，不要着急，耐心等待。

── 保湿方法 ──

面坯静置发酵时，要注意保持适当的湿度。为了防止面坯变干，可以盖上搅拌盆或平底盘。面坯表面变干的时候，可以用喷水来防止干燥。

── 判断方法 ──

原本富有弹性的面坯变得松软，触摸时会晃动，并有黏手的感觉，这就表示静置发酵完成了。在接下来的定型的步骤中，如果想要摊开面坯但面坯急速收缩的话，就说明静置发酵还不够，让它再休息一下吧。

{ 二次发酵 }

── 营造环境 ──

二次发酵所需的温度约为30℃。在不同的季节和环境，要保持这个温度可能有点儿困难。在家里，可以把面坯和烤盘或者模型一起放进泡沫箱或者塑料盒里（a），或者套上大的塑料袋（b）。不过，如果面坯变干会不利于其膨胀发酵，出现这种情况一定不要忘记喷水。

── 各种发酵的方法 ──

食谱中分为：放在棉麻布或发酵篮中进行二次发酵的面包和放在烤盘上进行二次发酵的面包。二次发酵的方法不同，烘焙出来的面包的外皮的硬度也会不同。如果要烘焙外皮脆硬的硬系面包，就需要用棉麻布或在发酵篮中进行二次发酵；如果想要烘焙比较松软的面包，就需要用烤盘进行二次发酵。

── 撒粉 ──

撒粉也是必要的。对于烘焙时间较长的大面包（法式乡村面包或长棍面包等）来说，撒粉是为了防止面包成色过深或烤焦。至于小面包，撒粉可以营造出面包的自然风味。

── 划刀痕 ──

划刀痕不仅可以丰富面包的造型，而且有利于散热，达到膨胀的效果。依个人喜爱决定是否挤上奶油。如果使用的是热度较弱的家用烤箱，挤上奶油可以让刀痕更容易裂开。

{ 烘焙 }

── 关于温度与烘焙时间 ──

本书标记的是使用专业烤箱时所需的温度和烘焙时间。因为烤箱的种类和使用状况不同，烘焙的温度也有所不同，按照食谱指示烘焙仍无法烘焙上色时，需要自己进行调整。

此时理想的解决方法是不延长烘焙时间，而是稍微调高温度（+10~20℃）。相信经过几次烘焙后，就能够渐渐掌握烤箱的状态，烘焙出理想的面包。

── 充分的预热 ──

烘焙面包时，烤箱必须充分预热，在烤箱内的温度还没有下降之前迅速放进面包。烘焙硬系面包时，还要先预热烤盘，然后将面坯和烤盘纸一起滑入滚烫的烤盘中。

── 关于蒸汽烘焙 ──

为了让硬系面包烘焙后富有光泽、口感脆硬，也为了让吐司边更有弹性，需要蒸汽烘焙的协助。如果烤箱附带有蒸汽功能的话直接用就行（a），如果没有这项功能，可以在烤箱下层放上小石子，预热后注入热水，然后在充满蒸汽的烤箱内烘焙面包（b）。是否使用蒸汽直接影响面包的烘焙效果，但有时不妨尝试用蒸汽烘焙软系面包，或不用蒸汽烘焙硬系面包，打破常规逆向操作，这也是面包制作的一种乐趣。

平时餐桌上出现的多是法式乡村面包或长棍面包等主食面包，
假日的早餐或是特殊的日子会准备法式丹麦面包或甜味面包，
像这样根据不同的场景变换面包的种类也是一种乐趣。
所以也就有了日常的面包、特殊日子的面包以及做起来非常
开心、想送人做礼物的面包。
本书就依据这3种分类介绍面包的制作。

chapitre
I
日常的面包
toujours

petit pain 法式小餐包

与农家面包的面坯相同，但完成后却是如此截然不同。
圆滚滚且小巧可爱的造型，非常适合用来当作日常用餐时的佐餐面包。

材料 可做 6 个（直径约 8cm）

<法式小餐包的面坯> *括号内是烘焙比例

高筋面粉··············	170g（85%）
裸麦面粉··············	15g（7.5%）
全麦面粉··············	15g（7.5%）
砂糖·················	2g（1%）
水··················	120g（60%）
盐··················	4g（2%）
酵母·················	50g（25%）

how to make

{ 制作面坯 }～{ 一次发酵 }
和农家面包（P8 的 1~10）相同。

{ 切　割 }
11．用橡皮刮板将面坯分为 6 等份
（约 62g / 个）。

{ 静置发酵 }
12．揉圆面坯直到表面带有弹性
（a），反过来捏住接口使其闭合，
然后盖上平底盘，在室温下静置发酵
15~20 分钟（b）。

{ 定　型 }
13．轻揉面坯调整成圆形，放置在烤
盘上（c）。

{ 二次发酵 }
14．在温度 30℃的地方静置 70~90 分
钟，使其二次发酵（d）。

{ 烘　焙 }
15．往面坯上喷水后，撒上面粉（材
料以外的面粉），横向划出一字形的
刀痕（e）。

16．烤箱用 200℃预热。往烤箱内稍微
喷点水后，用 200℃烘焙 15~17 分钟。

pain au lait 法式牛奶面包

法式牛奶面包使用了奶油和牛奶，风味浓郁却不失爽口。
如此绝妙的美味，当然得归功于苹果酵母。

材料 可做 7 个（直径约 12cm）

＜法式牛奶面包面坯＞ ＊括号内是烘焙比例

高筋面粉	200g（100%）
盐	3g（1.5%）
砂糖	6g（3%）
水	120g（60%）
牛奶	40g（20%）
酵母	60g（30%）
奶油（常温）	20g（10%）

蛋汁 …………………………… 适量

how to make

｜制作面坯｜～｜一次发酵｜

1. 将面粉、盐、砂糖、水、牛奶放进搅拌盆，搅拌混合至成团。
※牛奶面坯要在一开始就放盐

2. 等大致成团后，加入酵母进行搅拌混合，放在平台上，再加入奶油进行揉压（a）。和农家面包（P8的4~10）的揉压方式、一次发酵相同。

｜切　　割｜

3. 用橡皮刮板将面坯分为7等份（约60g/个）。

｜静置发酵｜

4. 面坯揉圆后，盖上平底盘，在室温下静置发酵10分钟。

｜定　　型｜

5. 面坯的接口朝上放置，用手轻压后，再用擀面杖擀出约12cm长的大小（b）。

6. 从身前开始卷起面坯（c），然后捏住接口使其闭合（d）。
※一边轻拉面坯一边卷起。

｜二次发酵｜

7. 放在烤盘上(e)，在温度30℃的地方静置70~90分钟，完成二次发酵（f）。

｜烘　　焙｜

8. 面坯的表面涂上蛋汁（g）。

9. 烤箱用200℃预热。往烤箱内稍微喷点水后，用200℃烘焙15~17分钟。

pain au noix 核桃面包

这款全麦面包造型朴素却韵味十足，以花朵为造型，再搭配上稍微烤过的核桃，带来别具风味的芳香和口感，享用时可以涂上满满的奶油。

材料 可做3个（直径约15cm）

<全麦面包面坯> *括号内是烘焙比例

高筋面粉	170g（85%）
全麦面粉	30g（15%）
砂糖	4g（2%）
水	120g（60%）
盐	2.4g（1.2%）
酵母	50g（25%）

核桃（稍微烘烤后切碎） 40g（20%）

how to make

{ 制作面坯 } ~ { 一次发酵 }

和农家面包（P8的1~10）相同。在步骤6时将核桃撒在摊开的面坯上（a），然后再揉进面坯里（b）。

{ 切 割 }

11. 用橡皮刮板将面坯分为3等份（约138g/个）。

{ 静置发酵 }

12. 面坯揉圆后，盖上平底盘，在室温下静置发酵15~20分钟。

{ 定 型 }

13. 用手把面坯轻轻揉成圆形，捏住接口使其闭合。

{ 二次发酵 }

14. 用棉麻布做出间隔，放入面坯（c），在温度30℃的地方静置70~90分，使其二次发酵（d）。

{ 烘 焙 }

15. 把面坯移到烤盘上，撒上面粉（材料以外的高筋面粉），用手轻轻压扁（e），然后用橡皮刮板划出5道放射线（f）。

16. 烤箱用200℃预热。往烤箱内稍微喷点水后，用200℃烘焙15~17分钟。

pain de campagne 法式乡村面包

用苹果酵母制作而成的法式乡村面包，看似硬口，实则口感柔软且温醇。
不但没有酸味，还散发着淡淡的甜味，是容易让人上瘾的招牌美味。

材料 可做1个（直径约19cm）

＜法式乡村面包面坯＞ ＊括号内是烘焙比例

高筋面粉	252g	（84％）
裸麦面粉	24g	（8％）
全麦面粉	24g	（8％）
砂糖	3g	（1％）
水	180g	（60％）
盐	6g	（2％）
酵母	75g	（25％）

奶油⋯⋯⋯⋯⋯⋯⋯⋯⋯⋯ 适量

◎ 挤奶油袋的制作方法
有了它，在切痕上挤奶油会
方便很多。把剪成三角形的
烤盘纸卷成圆锥状后，再放
入常温奶油。使用时，剪开
前端的尖口即可。

how to make

｛制作面坯｝～｛一次发酵｝

和农家面包（P8的1~10）相同。

｛静置发酵｝

11. 面坯揉圆后，盖上搅拌盘，在室
温下静置发酵20~30分钟。

｛定　型｝

12. 在发酵篮里撒上面粉（材料以外
的高筋面粉）（a）。

13. 轻揉面坯调整为圆形后，接口朝
上放进发酵篮里（b）。

｛二次发酵｝

14. 面坯放在温度30℃的地方静置
120分钟，完成二次发酵（c）。

｛烘　焙｝

15. 往面坯上撒上面粉（材料以外的
高筋面粉），从发酵篮里小心地取出
面坯（d），放在烤盘纸上。

16. 在面坯上划下十字形的刀痕
（e），然后挤上奶油（f）。

17. 烤盘放入烤箱，用230℃预热。
把面坯和烤盘纸一起移到滚烫的烤盘
上，施加蒸汽用220℃烘焙20分钟，
然后再用210℃烘焙20分钟。

baguette 长棍面包

刚开始制作面包时，就盼望着餐桌上能摆上自己做的长棍面包。
虽然门槛确实高了一些，但那份刚出炉的美味却是难以言喻的。

材料 可做 2 条（长约 30cm）

<长棍面包面坯> ＊括号内标记的是烘焙比例

高筋面粉·······················252g（84%）	水·······················180g（60%）
裸麦面粉························24g（8%）	盐·······························6g（2%）
全麦面粉························24g（8%）	酵母·······················75g（25%）
砂糖·······························3g（1%）	奶油·······························适量

how to make

{ 制作面坯 } ～ { 一次发酵 }

和农家面包（P8的1~10）相同。

{ 切　割 }

11. 用橡皮刮板将面坯分为2等份（约280g/个）。

{ 静置发酵 }

12. 面坯揉圆后，盖上搅拌盘，在室温下静置20~30分钟。

{ 定　型 }

13. 平台上撒上面粉（材料以外的），面坯接口朝上，用手轻轻按压，摊平面坯。

14. 面坯两端稍微往里折，用擀面杖擀成约20cm长的大小（a）。

15. 面坯横放在平台上，做3折处理。一边用左手大拇指按住面坯，一边用右手手掌根部压折（b）。接着，一边用左手的食指把面坯反转过来，一边用右手手掌根部压折（c）。

16. 用擀面杖把面坯擀成约25cm长的大小，然后再重复一次步骤15。

17. 把面坯对折一次，用手掌根部用力按压（d），调整定型。滚动面坯直到接口痕退去，调整成长度约30cm的棒状（e）。

{ 二次发酵 }

18. 在棉麻布上撒上面粉（材料以外的新粉）后做出间隔，在中间摆上面坯（f）。在温度30℃的地方静置120分钟完成二次发酵（g）。

{ 烘　焙 }

19. 面坯上撒上面粉（材料以外的高筋面粉），移到烤盘纸上（h）。

20. 刀刃倾斜，在面坯上划下4道切痕（i），然后挤上奶油。

21. 烤盘放入烤箱，用230℃预热。把面坯和烤盘纸一起移到滚烫的烤盘上，施加蒸汽用220℃烘焙20分钟，然后再用210℃烘焙10分钟。

山形（左）、方形（右）

材料 可做1条（1斤重）、山形、方形吐司通用

<吐司面包面坯> *括号内是烘焙比例

高筋面粉·················350g（100%）

盐··········4.2g（1.2%）

砂糖·············· 7g（2%）

水·············· 210g（60%）

酵母·············· 105g（30%）

pain de mie 吐司 山形·方形

山形吐司松软轻便，适合做吐司片；
方形吐司面团扎实，适合做三明治，
可以根据个人的喜好进行烘焙。

how to make

{ 制作面坯 } ~ { 一次发酵 }

1. 将面粉、盐、砂糖、水放进搅拌盆里，搅拌混合至成团。

2. 等大致成团后，取出面坯放在平台上，加入酵母进行揉压。和农家面包（P8的4~10）的揉压方式、一次发酵相同。

【山形吐司】

{ 切　　割 }

3. 用橡皮刮板将面坯分为2等份（约338g/个）。

{ 静置发酵 }

4. 面坯揉圆后，盖上搅拌盘，在室温下静置发酵30分钟。

{ 定　　型 }

5. 面坯接口朝上放置，用手轻轻按压，再用擀面杖擀成直径20cm的圆形。

6. 面坯对半折压（a），从侧面再对折，并仔细揉压接口处，把面坯的四角往里折，调整成圆形（b），闭合接口。

7. 用植物油（材料外的）涂抹模型，把面坯挨着模型的两端放好（c）。

{ 二次发酵 }

8. 在温度30℃的地方静置120~150分钟，完成二次发酵。当面坯膨胀得快要满出模型时，即表示二次发酵完成（d）。

{ 烘　　焙 }

9. 烤箱用180℃预热，往烤箱内稍微喷点水后，用180℃烘焙10分钟，然后再分别用200℃烘焙10分钟、210℃烘焙10分钟。

【方形吐司】

{ 切　　割 }

3. 用橡皮刮板将面坯分为3等份（约225g/个）。

{ 静置发酵 }

4. 面坯揉圆后，盖上搅拌盘，在室温下静置发酵30分钟。

{ 定　　型 }

5. 面坯的接口朝上，用手轻轻按压，面坯的两端稍微往里折（e），再用擀面杖擀出约15cm长的大小。

6. 将面坯横放在平台上，做3折处理。（参照长棍面包P27的步骤15）

7. 用擀面杖把面坯擀成约20cm长，然后再对折并用手掌根部用力揉压（f）。滚动面坯直到接口痕退去，调整为约30cm的棒状，然后再进行对折。

8. 用植物油（材料外的）涂抹模型，面坯相互错开放进模型里（g）。

{ 二次发酵 }

9. 在温度30℃的地方静置120~150分钟，完成二次发酵。当面坯膨胀到距离模型边缘1cm处时，即表示二次发酵完成（h）。

{ 烘　　焙 }

10. 烤箱用180℃预热，往烤箱内稍稍喷水后，用180℃烘焙10分钟，然后分别用200℃烘焙10分钟、210℃烘焙10分钟。

pain complet 全麦面包

为了从外观上区别于吐司，全麦面包的表面撒满了燕麦。
这和全麦面粉自然的香气非常相衬，带有颗粒物的口感令人回味无穷。

材料 可做 1 条（长约 16cm）

< 全麦面包面坯 > ＊括号内是烘焙比例

高筋面粉	170g（85%）
全麦面粉	30g（15%）
砂糖	4g（2%）
水	120g（60%）
盐	2.4g（1.2%）
酵母	50g（25%）
燕麦	适量

how to make

{ 制作面坯 } ～ { 一次发酵 }

和农家面包（P8的1~10）相同。

{ 切　　割 }

11. 用橡皮刮板将面坯分为2等份
（约188g/个）。

{ 静置发酵 }

12. 面坯揉圆后，盖上搅拌盘，在室
温下静置发酵15~20分钟。

{ 定　　型 }

13. 面坯的接口朝上放置，用手轻轻
按压。

14. 面坯对折后揉压（a），从侧面
再对折，并仔细揉压接口处（b）。
把面坯的四角往里折，调整成圆形
（c），揉压闭合接口。

15. 面坯上喷水后蘸上燕麦（d），
用植物油（材料外的）涂抹模型，把
面坯放于模型的两端（e）。

{ 二次发酵 }

16. 在温度30℃的地方静置120~150
分钟，完成二次发酵（f）。

{ 烘　　焙 }

17. 烤箱用180℃预热，往烤箱内稍
稍喷水后，用180℃烘焙10分钟，然
后再分别用200℃烘焙10分钟、210℃
烘焙10分钟。

casse-croute 2
猪肉酱三明治

casse-croute 1
熏鲑鱼三明治

casse-croute 4

核桃与卡门贝尔奶酪三明治

casse-croute 3

烤南瓜三明治

casse-croute *1*
熏鲑鱼三明治
辛辣的杜卡搭配熏鲑鱼，再加上带有酸味的洋葱，组合出绝妙的美味。

casse-croute *2*
猪肉酱三明治
法式乡村面包的优点是可以随意搭配任何食材，不过其中又以自制肉酱最为美味。

熏鲑鱼三明治

材料（1人份）

杜卡（Dukkah）（P51）	1份
熏鲑鱼	2片
番茄干（油渍的）	2~3个
茅尾奶酪（cottage cheese）*	1大匙
法式沙拉酱	1小匙
紫洋葱（切丝）	1/10个
卷边生菜、苜蓿芽	适量

how to make

1. 将紫洋葱和法式沙拉酱混合。
2. 切开面包，夹入步骤1和其他材料。

法式沙拉酱的制作方法
〈材料〉

白葡萄醋	1小匙
芥末酱	少许
盐、胡椒	适量
色拉油	1大匙

〈做法〉
1. 把色拉油以外的材料放入搅拌盆里，用打泡器充分混合。
2. 一边慢慢加入色拉油，一边充分混合。

*一般的松软奶酪即可，下同。

猪肉酱三明治

材料（1人份）

法式乡村面包（P25）	1片（2cm厚）
奶油（常温）	1大匙
猪肉酱	2大匙
茅尾奶酪（cottage cheese）*	1大匙
胡萝卜丝沙拉（P35）	适量
生菜或红椒等喜欢的蔬菜	适量

how to make

1. 切开面包，内侧抹上奶油。
2. 夹入所有食材。

猪肉酱的制作方法
〈材料〉

猪肋肉（块）		500g
洋葱（切成1cm的块状）		1/4个
A	大蒜（剁碎）	1瓣
	月桂叶	2片
	白葡萄酒、牛骨高汤	各50cc
盐		1/2小匙
胡椒		少许
色拉油		1大匙

〈做法〉
1. 猪肉撒上盐、胡椒（材料以外的）后，用平底锅煎至表面呈焦糖色。
2. 取一只可以放进烤箱的锅，倒入色拉油进行加热，用小火慢炒洋葱。加入步骤1的肉和材料A，连锅一起放入用200℃预热的烤箱，蒸烤1小时。
3. 取出步骤2的肉，沥干汤汁。
4. 把切成小块的肉和汤汁一起放进食物搅拌器里粗略地绞碎。
5. 接着倒入搅拌盆里，搅拌混合直到带有黏性，最后加入盐、胡椒调味。

casse-croute *3*

烤南瓜三明治

风味浓厚且质朴的裸麦面包，非常适合用来搭配带有自然甜味的南瓜泥。

casse-croute *4*

核桃与卡门贝尔奶酪三明治

在法国，长棍面包三明治是基本款中的基本款。不过这次搭配的奶酪和蜂蜜，让它摇身变成了奢华版的三明治。

烤南瓜三明治

材料（1人份）

黑麦面包（P53）······················· 1片（2cm厚）
南瓜泥···································· 1~2大匙
紫洋葱（切丝）···························· 1/8个
黄色彩椒条（宽1cm的细条）··············· 1~2条
卷边生菜、水芹····························· 各适量

how to make

切开黑麦面包，夹入材料。

南瓜泥的制作方法
〈材料〉（方便制作的分量）
南瓜（小）······························· 1/4个
A ┌ 无糖奶酪····························· 1大匙
　├ 奶酪粉······························· 1小匙
　└ 盐、胡椒··························· 各适量

〈做法〉
1. 南瓜切成大块，用200℃的烤箱烘烤至变软为止。
2. 把南瓜的外皮和果肉分开，外皮切碎，果肉用勺子搅成泥状。
3. 把材料A加入2中混合。

核桃与卡门贝尔奶酪三明治

材料（1人份）

长棍面包（P27）························· 1/2条
卡门贝尔奶酪（切片后撒上盐、胡椒）········· 3片
蜜渍核桃（核桃烘烤后切碎，泡渍在蜂蜜里）·····3~4个
水芹··································· 适量
胡萝卜丝沙拉···························· 1/2份
白胡椒································· 少许

how to make

1. 切开长棍面包，夹入材料。
2. 稍微撒上点白胡椒。

胡萝卜丝沙拉的制作方法
〈材料〉
胡萝卜（切丝）·························· 1/2根
法式沙拉酱（P34）······················ 3大匙

〈做法〉
把法式沙拉酱和胡萝卜丝混合在一起。

pain au camembert 卡门贝尔奶酪面包

开口处可以窥见奶酪，不禁惹人食指大动，这是一款符合成人口味的副食面包。
在烘焙好的卡门贝尔奶酪面包上满满地撒上核桃、蜂蜜和白胡椒，这可以说是我的最爱。

材料 可做5个（长约10cm）

<全麦面包面坯> ＊括号内是烘焙比例
高筋面粉·······························170g（85％）
全麦面粉·································30g（15％）
砂糖··4g（2％）
水···120g（60％）
盐···2.4g（1.2％）
酵母·······································50g（25％）

卡门贝尔奶酪（切成10等份）······1盒左右
盐、白胡椒、燕麦···············各适量
核桃（烘烤过的）、蜂蜜··········各适量

how to make

{ 制作面坯 }～{ 一次发酵 }

和农家面包（P8的1~10）相同。

{ 切　　割 }

11. 用橡皮刮板将面坯分为5等份
（约75g／个）。

{ 静置发酵 }

12. 面坯揉圆后，盖上平底盘，在室
温下静置发酵15~20分钟。

{ 定　　型 }

13. 面坯的接口朝上放置，用手轻轻
按压，用擀面杖擀成约10cm长的大
小。面坯上下对折，用手指在中间部
位压出凹槽（a）。

14. 凹槽里放入2片奶酪，撒上盐、
胡椒（b），从两端包起，闭合接口
（c）。滚动面坯直到接口痕退去，
然后调整成约10cm长的海参状。

{ 二次发酵 }

15. 把面坯放在烤盘上（d），在温
度30℃的地方静置70~90分钟，完成
二次发酵（e）。

{ 烘　　焙 }

16. 面坯上撒上燕麦，横向划出刀
痕。

17. 烤箱用210℃预热，往烤箱内稍
稍喷水后，用200℃烘焙15~17分钟。

18. 烘焙后刀痕会裂开，在开口处撒
上核桃，淋上蜂蜜。

pain autumn 秋香面包

因为法国产的西梅而诞生的独家特制面包，西梅在秋天成熟，故命名为秋香面包。
这款面包特别以树叶为造型，造型别致，口感十分美味。

材料 可做 3 个（长约 15cm）

<法式乡村面包面坯> *括号内是烘焙比例
高筋面粉	168g	（84%）
裸麦面粉	16g	（8%）
全麦面粉	16g	（8%）
砂糖	2g	（1%）
水	120g	（60%）
盐	4g	（2%）
酵母	50g	（25%）
西梅（切碎）	50g	（25%）

how to make

{ 制作面坯 } ~ { 一次发酵 }

和农家面包（P8的1~10）相同。
在步骤6时把揉好的面坯摊开，撒上
西梅，然后边揉碎西梅边揉压面坯
（a）。

{ 切　　割 }

11. 用橡皮刮板将面坯分为3等份
（约142g／个）。

{ 静置发酵 }

12. 面坯揉圆后，盖上平底搅拌盘，
在室温下静置发酵15~20分钟。

{ 定　　型 }

13. 面坯的接口朝上放置，用手轻轻
按压揉成扁圆状，两端折起将面坯调
整成三角形。

14. 用擀面杖稍稍拉长面坯（b），
纵向对折后用手掌根部用力揉压
（c）。滚动面坯直到接口痕退去，
然后调整成约15cm长的水滴状。

{ 二次发酵 }

15. 用棉麻布做出间隔后放入面坯
（d），在温度30℃的地方静置70~90
分钟，完成二次发酵（e）。

{ 烘　　焙 }

16. 把面坯移到烤盘上，撒上面粉
（材料以外的高筋面粉），划出像叶
脉一样的刀痕（f）。

17. 烤箱用210℃预热，往烤箱内稍
稍喷水后，用210℃烘焙20分钟。

harmonica 口琴面包

瞧！这款面包是不是很像口琴呢？小巧易食的尺寸，溢出切口的橄榄，
真是让人爱不释口，也许放在口中真能吹奏出口琴般的美妙乐声呢……

材料 可做 5 个（长约 7cm）

<法式乡村面包面坯> ＊括号内是烘焙比例

高筋面粉·······················84g（84％）
裸麦面粉·······················8g（8％）
全麦面粉·······················8g（8％）
砂糖·······························1g（1％）
水·····························60g（60％）
盐·······························2g（2％）
酵母·························25g（25％）

西梅（切碎）···············25g（25％）
黑橄榄··························15颗

how to make

{ 制作面坯 } ～ { 一次发酵 }

和农家面包（P8的1~10）相同。
在步骤6时把揉好的面坯摊开，撒上
西梅，然后一边揉碎一边揉压面坯，
参照P39的图片（a）。

{ 切　　割 }

11．用橡皮刮板将面坯分为5等份
（约42g／个）。

{ 静置发酵 }

12．面坯揉圆后，盖上平底盘，在室
温下静置发酵15分钟。

{ 定　　型 }

13．面坯的接口朝上放置，用手轻轻
按压揉成扁圆状，折3折（a），再
用擀面杖稍稍擀开。

14．在中间放3颗黑橄榄，从两边包
起封口（b）。滚动面坯直到接口痕
退去，然后调整成7~8cm长。

{ 二次发酵 }

15．把面坯放在烤箱纸上（c），在
温度30℃的地方放置60~70分钟，进
行二次发酵（d）。

{ 烘　　焙 }

16．面坯上撒上面粉（材料以外的高
筋面粉），在正中稍微靠下的位置划
出"一"字形的刀痕（e）。

17．烤盘放入烤箱，用210℃预热，面
坯和烤盘纸一起移到滚烫的烤盘上，
施加蒸汽，用210℃烘焙15分钟。

pain au potiron 南瓜面包

cinnamon currants

肉桂黑葡萄干面包

pain au potiron 南瓜面包

这是一款能衬托出南瓜自然甜美风味的吐司。
口感既温润又松软，建议在南瓜最美味的晚秋时节制作烘焙。

cinnamon currants 肉桂黑葡萄干面包

朗姆酒浸泡过的黑葡萄干演绎出成熟又时髦的风味。
切开后还可以看到美丽的螺旋花纹，涂上浓郁的砂糖奶油，更添美味。

南瓜面包

材料 可做1份（长16cm）

<吐司面包面坯>＊括号内是烘焙比例
高筋面粉·····················180g（100%）
盐···························2.1g（1.2%）
砂糖·························3.6g（2%）
水··························108g（60%）
酵母························54g（30%）
南瓜（去子）···············90g（50%）

把去子的南瓜切成大块，用200℃的烤箱烘烤约15分钟，直到南瓜变软。把外皮和果肉分开，外皮切成细丝，果肉切成小块。

how to make

{ 制作面坯 }～{ 一次发酵 }

1．将面粉、盐、砂糖、水倒进搅拌盆，搅拌混合至成团。

2．等到大致成团后，把面坯取出来放在平台上，加入酵母后进行揉压。揉搓面坯等到稍微摊开来后，加入南瓜果肉，揉搓到和面坯混为一体（a）。等到面坯变黄后，加入南瓜外皮（b），混合揉进面坯里。一次发酵和农家面包（P8的7~10）相同。

{ 静置发酵 }

3．面坯揉圆后，盖上搅拌盘，在室温下静置发酵20分钟。

{ 定　型 }

4．面坯的接口朝上放置，再用擀面杖擀成约30cm×15cm的大小。

5．从靠近身体这侧卷起面坯（c），由两边捏起接口闭合（d）。滚动面坯直到接口痕退去后，再调整形状。用植物油（材料以外的）涂抹模型，放入面坯（e）。

{ 二次发酵 }

6．在温度30℃的地方静置120~150分钟，完成二次发酵（f）。

{ 烘　焙 }

7．面坯表面撒上面粉（材料以外的高筋面粉）。

8．烤箱用180℃预热，往烤箱内稍稍喷水后，用180℃烘焙10分钟，然后再分别用200℃烘焙10分钟、210℃烘焙10分钟。

肉桂黑葡萄干面包

材料 可做1份（长16cm）

<吐司面包面坯> *括号内是烘焙比例
高筋面粉·····················180g（100%）
盐·····························2.1g（1.2%）
砂糖···························3.6g（2%）
水····························108g（60%）
酵母····························54g（30%）

肉桂····························2小匙
黑葡萄干（用1/2匙的朗姆酒浸泡）·······60g
砂糖奶油（融化的砂糖和奶油以2:1的比例混合）························60g

how to make

〔制作面坯〕～〔一次发酵〕

1．将面粉、盐、砂糖、水倒进搅拌盆，搅拌混合至成团。

2．等到大致成团后，把面坯取出来放在平台上，加入酵母后进行揉压。一次发酵和农家面包（P8的7~10）相同。

〔切　　割〕

3．用橡皮刮板将面坯分为2等份（约174g/个）。

〔静置发酵〕

4．面坯揉圆后，盖上平底盘，在室温下静置发酵15~20分钟。

〔定　　型〕

5．面坯的接口朝上放置，用手轻轻按压，两边稍微折起，再用擀面杖擀成边长约20cm的正方形。

6．在面坯上铺上肉桂，撒上黑葡萄干。从靠近身体这侧卷起面坯（a），然后捏合接口（b）。用植物油（材料以外的）涂抹模型，将面坯并排放入（c）。

〔二次发酵〕

7．在温度30℃的地方静置120~150分钟，完成二次发酵（d）。

〔烘　　焙〕

8．往面坯上喷水，再淋上满满的砂糖奶油（e）。

9．烤箱用180℃预热，往烤箱内稍稍喷水后，用180℃烘焙10分钟，然后再分别用200℃烘焙10分钟、210℃烘焙10分钟。

champignon 蘑菇面包

拥有可爱外形的蘑菇面包，可以说是我的最爱。面包伞状的部分酥脆爽口，主体部分外皮脆硬，里面却很松软，一款面包包含了3种不同的口感。

材料 可做6个（直径5cm）

<法式乡村面包面坯> *括号内是烘焙比例
高筋面粉······170g（85%）
裸麦面粉······15g（7.5%）
全麦面粉······15g（7.5%）
砂糖······2g（1%）
水······120g（60%）
盐······4g（2%）
酵母······50g（25%）

how to make

{ 制作面坯 } ~ { 一次发酵 }

和农家面包（P8的1~10）相同。

{ 切　割 }

11. 用橡皮刮板将面坯分为6等份（约62g/个）。

{ 静置发酵 }

12. 面坯揉圆后，盖上平底盘，在室温下静置发酵15~20分钟。

{ 定　型 }

13. 把每个面坯分为上面的伞状和下面的主体（1:8）两部分（a），都揉成圆形。

14. 用擀面杖把伞状部分擀成圆形的薄片状（b），然后放在接口朝上放置的主体上，并用抹过粉的圆筷插入面坯的正中心（c）。

{ 二次发酵 }

15. 用棉麻布做出间隔，伞状部分朝下，把面坯放进间隔中（d）。在温度30℃的地方静置70~90分钟，完成二次发酵（e）。

{ 烘　焙 }

16. 伞状部分朝上，把面坯移到烤盘纸上，撒上面粉（材料以外的高筋面粉）。

17. 烤盘放入烤箱，用210℃预热。把面坯和烤盘纸一起移到滚烫的烤盘上，施加蒸汽用210℃烘焙25分钟。

sésame 芝麻面包

因为太喜欢蘑菇面包上面伞状部分的酥脆口感，为了满足"还想再吃一点儿"的口腹之欲，
于是就有了这款面包。上面蘸满了芝麻，口感更加香脆。

材料 可做 5 个（长约 10cm）

<法式乡村面包面坯> ＊括号内是烘焙比例
高筋面粉·····················170g（85%）
裸麦面粉·······················15g（7.5%）
全麦面粉·······················15g（7.5%）
砂糖······························2g（1%）
水·····························120g（60%）
盐·······························4g（2%）
酵母····························50g（25%）

白芝麻··························2大匙
盐······························少许

how to make

┌ 制作面坯 ┐ ～ ┌ 一次发酵 ┐
和农家面包（P8的1~10）相同。

┌ 切　割 ┐
11．用橡皮刮板将面坯分为5等份
（约75g/个）。

┌ 静置发酵 ┐
12．揉圆面坯直到表面带有弹性，盖
上平底盘，在室温下静置发酵15~20
分钟。

┌ 定　型 ┐
13．把每个面坯分为上面的伞状
和下面的主体两部分（1:6）。

14．用手把主体部分轻压成长方
形，折3折后（a）再对折。用手
掌根部用力按压后再调整形状
（b）。滚动面坯直到接口痕退
去，再调整成约10cm的棒状。

15．芝麻铺在平台上，再撒上
盐，然后把伞状部分的面坯放上
去，用擀面杖擀成约10cm的长度
（c）。

16．主体部分的接口朝上放置，
喷上水后放上伞状的部分，用抹
过粉的圆筷插出7~8个洞（d）。

┌ 二次发酵 ┐
17．用棉麻布做出间隔，伞状部分
朝下，把面坯放进间隔中（e）。
在温度30℃的地方静置70~90分
钟，完成二次发酵（f）。

┌ 烘　焙 ┐
18．伞状部分朝上，把面坯移到
烤盘纸上，撒上面粉（材料以外
的高筋面粉）。

19．烤盘放入烤箱，用210℃预
热。把面坯和烤盘纸一起移到滚
烫的烤盘上，施加蒸汽用210℃
烘焙25分钟。

dukkah 杜卡面包

这款添加了各种香料制成的中东风味的杜卡面包，香味独特，是我的拿手之作。
可以蘸着美味的橄榄油享用，搭配葡萄酒享用也别具风味。

材料 可做3个（长约20cm）

<法式乡村面包面坯> *括号内是烘焙比例
高筋面粉·······················170g（85%）
裸麦面粉·······················15g（7.5%）
全麦面粉·······················15g（7.5%）
砂糖·····························2g（1%）
水·····························120g（60%）
盐·····························4g（2%）
酵母····························50g（25%）

杜卡··适量

杜卡的制作方法

<材料>
榛果··20g
杏仁··20g
炒过的白芝麻································5g
小茴香籽····································7g
香菜粉··7g
盐··6g

<做法>

1. 用平底锅干炒坚果类、芝麻和小茴香籽，或是用150℃的烤箱烘烤。
2. 坚果类切碎，小茴香籽研磨成粉末状。
3. 混合以上所有材料。

＊杜卡不论是混合橄榄油做长棍面包的蘸酱，还是撒在沙拉上都非常美味。可以多做一些备用，搭配各种料理和食材皆可。

how to make

{ 制作面坯 } ～ { 一次发酵 }

与农家面包（P8的1~10）相同。

{ 切　割 }

11. 用橡皮刮板将面坯分为3等份（约125g/个）。

{ 静置发酵 }

12. 揉圆面坯直到表面带有弹性，盖上平底盘，在室温下静置发酵15~20分钟。

{ 定　型 }

13. 面坯的接口朝上放置，用手轻轻按压揉成扁圆状，两端折起调整成三角形（a）。

14. 用擀面杖擀成约25cm长的水滴状（b）。

15. 把杜卡铺在面坯上，从靠近身体这侧卷起面坯（c），捏住接口闭合。喷上水后，让面坯表面也粘上杜卡。

{ 二次发酵 }

16. 用棉麻布做出间隔，把面坯放进间隔中（d）。在温度30℃的地方静置70~90分钟，完成二次发酵（e）。

{ 烘　焙 }

17. 把面坯移到烤盘纸上。

18. 烤盘放入烤箱，用210℃预热。把面坯和烤盘纸一起移到滚烫的烤盘上，施加蒸汽用210℃烘焙25分钟。

pain de seigle 黑麦面包

对我来说黑麦面包就是"面包中的国王"。虽然外观看起来很坚硬，却有着令人意想不到的温醇风味。即使不喜欢裸麦面包独特酸味的人，也一定要尝尝这款面包。

材料 可做 1 个（长约 20cm）

<裸麦面包面坯> ＊括号内是烘焙比例

高筋面粉	210g（70%）
裸麦面粉	90g（30%）
砂糖	4.5g（1.5%）
水	180g（60%）
盐	4.5g（1.5%）
裸麦酵母（P12）	90g（30%）

奶油 ⋯⋯⋯⋯⋯⋯⋯⋯⋯适量

how to make

{ 制作面坯 } ～ { 一次发酵 }

与农家面包（P8的1~10）相同。

{ 静置发酵 }

11. 揉圆面坯直到表面带有弹性，用搅拌盘盖好，在室温下静置发酵20分钟。

{ 定　型 }

12. 发酵篮里撒满面粉（材料以外的裸麦面粉）。

13. 面坯的接口朝上放置，用擀面杖擀成约20cm的长度后折3折（a），然后再对折，用手掌根部用力按压（b）。滚动面坯直到接口痕退去，再调整成长约20cm的长方体（c）。

14. 接口朝上，把面坯放进发酵篮里（d）。

{ 二次发酵 }

15. 在温度30℃的地方静置70~90分钟，完成二次发酵（e）。

{ 烘　焙 }

16. 面坯上撒上面粉（材料以外的裸麦面粉），从发酵篮里小心取出，放在烤盘纸上。

17. 在面坯上纵向划出刀痕（f），挤上奶油。

18. 烤盘放入烤箱，用230℃预热。把面坯和烤盘纸一起移到滚烫的烤盘上，先用220℃烘焙20分钟，再用210℃烘焙10分钟。

figues 无花果乡村面包

风味独特的裸麦面坯，搭配上酸酸甜甜的无花果可谓相当适合，
若再添加坚果口感会更丰富。何不尝试亲手做做看呢？

材料 可做 2 个（长约 15cm）

<裸麦面包面坯> ＊括号内是烘焙比例

高筋面粉	140g（70%）
裸麦面粉	60g（30%）
砂糖	3g（1.5%）
水	120g（60%）
盐	3g（1.5%）
裸麦酵母（P12）	60g（30%）
核桃（稍微烘烤过，略切碎）	20g（10%）
葡萄干	20g（10%）
黑无花果干（对半切开）	3个
榛果	6个

how to make

｜ 制作面坯 ｜～｜ 一次发酵 ｜

和农家面包（P8的1~10）相同。
在步骤6时将核桃和葡萄干撒在摊开
的面坯上，然后再揉进面坯里。

｜ 切　割 ｜

11. 用橡皮刮板将面坯分为2等份
（约213g/个）。

｜ 静置发酵 ｜

12. 揉圆面坯后，用平底盘盖好，在
室温下静置发酵15~20分钟。

｜ 定　型 ｜

13. 面坯的接口朝上放置，用手轻轻
按压，用擀面杖擀成约10cm×15cm的
大小。

14. 在面坯的上下两端各放3个对半
切开的无花果（a），由两端向中间
对折，中间再摆上3个榛果（b），然
后像包包裹一样从两边封口（c）。
滚动整条面坯直到接口痕退去，调整
成约15cm的海参状。

｜ 二次发酵 ｜

15. 用棉麻布做出间隔后放入面坯
（d），在温度30℃的地方静置50~60
分钟，完成二次发酵（e）。

｜ 烘　焙 ｜

16. 把面坯移到烤盘纸上，撒上面粉（材料以外的裸麦面粉），
划出3道刀痕（f）。

17. 烤盘放入烤箱，用210℃预热。把面坯和烤盘纸一起移到滚烫
的烤盘上，再用210℃烘焙25分钟。

azuki seigle　红豆裸麦面包

valencia　甜橘裸麦面包

crème de marron　栗子酱裸麦面包

crème de marron 栗子酱裸麦面包

这款面包使用了 2 种不同风味的栗子，带有浓郁的香甜风味。
而面包美味的关键就在于，使用了即使单吃也非常美味的栗子。

azuki seigle 红豆裸麦面包

这是一款里面包裹甜红豆馅，外皮撒满豆粉的风味面包。
裸麦的温醇香味配上红豆的独特风味，真是一个绝妙的组合。

valencia 甜橘裸麦面包

能搭配各种不同的配料，这正是裸麦面坯的优点。
这款面包添加了带有奢华果香的甜橘瓣，可以当作下酒的点心。

【栗子酱裸麦面包】

材料 可做 4 个（长约 15cm）

<裸麦面包面坯> ＊括号内是烘焙比例
高筋面粉	140g（70%）
裸麦面粉	60g（30%）
砂糖	3g（1.5%）
水	120g（60%）
盐	3g（1.5%）
裸麦酵母（P12）	60g（30%）

核桃（稍微烘烤过，略切碎）	20g（10%）
栗子酱	20g
蜜渍栗子	320g

how to make

{ 制作面坯 } ~ { 一次发酵 }

和农家面包（P8的1~10）相同。
在步骤6时将核桃撒在摊开的面坯上，然后再揉进面坯里（参照P23的图片a，b）。

{ 切　割 }

11. 用橡皮刮板将面坯分为4等份（约101g/个）。

{ 静置发酵 }

12. 揉圆面坯后，用平底盘盖好，在室温下静置发酵15~20分钟。

{ 定　型 }

13. 面坯的接口朝上放置，用擀面杖擀成约15cm长的椭圆形。

14. 把栗子酱分成4等份，分别涂在4块面坯上。把蜜渍栗子也分成4等份，分别放在4块面坯靠近自己的一边（a），从放置栗子的这一侧卷起面坯（b），捏住接口闭合后，两侧往内压封口（c）。滚动整条面坯直到接口痕退去，调整成15cm的海参状。

{ 二次发酵 }

15. 用棉麻布做出间隔后放入面坯（d），在温度30℃的地方静置50~60分钟，完成二次发酵（e）。

{ 烘　焙 }

16. 把面坯移到烤盘纸上，撒上面粉（材料以外的裸麦面粉），划出刀痕（f）。

17. 烤盘放入烤箱用210℃预热。把面坯和烤盘纸一起移到滚烫的烤盘上，再施加蒸汽用210℃烘焙20分钟。

【红豆裸麦面包】

材料 可做 5 个（长约 10cm）

<裸麦面包面坯> ＊括号内是烘焙比例
高筋面粉·················140g（70%）
裸麦面粉·················60g（30%）
砂糖······················3g（1.5%）
水·······················120g（60%）
盐························3g（1.5%）
裸麦酵母（P12）············60g（30%）

蜜渍红豆·················30g
豆粉·······················适量

how to make

{ 制作面坯 }～{ 一次发酵 }

和农家面包（P8的1~10）相同。

{ 切　　割 }

11．用橡皮刮板将面坯分为5等份
（约77g/个）。

{ 静置发酵 }

12．揉圆面坯后，用平底盘盖好，
在室温下静置发酵15~20分钟。

{ 定　　型 }

13．面坯的接口朝上放置，用擀面
杖擀成约12cm长的椭圆形。

14．把蜜渍红豆分成5等份，分别涂
在5块面坯上，从靠近身体这侧卷起
面坯（a），捏住接口闭合后，两侧
往里压封口。滚动整条面坯直到接
口痕退去，调整成10cm的长方体。

{ 二次发酵 }

15．用棉麻布做出间隔后放入面
坯，在温度30℃的地方静置50~60分
钟，完成二次发酵。

{ 烘　　焙 }

16．在面坯上喷水后，撒上豆粉
（b），放在烤盘纸上。

17．烤盘放入烤箱用210℃预热。
把面坯和烤盘纸一起移到滚烫的烤
盘上，再施加蒸汽用210℃烘焙20
分钟。

【甜橘裸麦面包】

材料 可做 5 个（长约 10cm）

<裸麦面包面坯> ＊括号内是烘焙比例
高筋面粉·················140g（70%）
裸麦面粉·················60g（30%）
砂糖······················3g（1.5%）
水·······················120g（60%）
盐························3g（1.5%）
裸麦酵母（P12）············60g（30%）

甜橘瓣（切丝）·············3大匙
西梅（对半切开）············3大颗

how to make

{ 制作面坯 }～{ 一次发酵 }

和农家面包（P8的1~10）相同。

{ 切　　割 }

11．用橡皮刮板将面坯分为5等份
（约77g/个）。

{ 静置发酵 }

12．揉圆面坯后，用平底盘盖好，
在室温下静置发酵15~20分钟。

{ 定　　型 }

13．面坯的接口朝上放置，用擀面
杖擀成直径约10cm的圆形，再用擀
面杖在中间压出凹痕（a）。

14．把分成5等份的甜橘瓣和2片西
梅放在面坯的凹痕上（b），然后从
一侧卷起封口。滚动整条面坯直到
接口痕退去，并调整形状。

{ 二次发酵 }

15．用棉麻布做出间隔后放入面
坯，在温度30℃的地方静置50~60分
钟，完成二次发酵。

{ 烘　　焙 }

16．把面坯移到烤盘纸上，撒上面
粉（材料以外的裸麦面粉），划出
刀痕。

17．烤盘放入烤箱，用210℃预热。
把面坯和烤盘纸一起移到滚烫的烤盘
上，再施加蒸汽用210℃烘焙20分钟。

5 variety of raisins & blueberries

蓝莓 & 葡萄干五重奏

这款面包的酸甜搭配恰到好处，是我们面包店的人气商品。其中，酸味强烈的绿葡萄干是必不可少的，少了它，面包的风味也会截然不同。

材料 可做 4 个（长约 25cm）

<裸麦面包面坯> ＊括号内是烘焙比例
高筋面粉·················140g（70%）
裸麦面粉···················60g（30%）
砂糖··························3g（1.5%）
水····························120g（60%）
盐····························3g（1.5%）
裸麦酵母（P12）············60g（30%）

绿葡萄干、Sultana 葡萄干＊······各50g
Currants葡萄干＊、普通葡萄干···各15g
Jewelry葡萄干＊··················25g
蓝莓（切碎）·····················10g
朗姆酒···························1小匙

将蓝莓和各种葡萄干
混合后淋上朗姆酒备用

＊可用常见的绿葡萄干、红绿葡萄干、黑红
葡萄干等替代。

how to make

{ 制作面坯 } ～ { 一次发酵 }

和农家面包（P8的1~10）相同。

{ 切　割 }

11. 用橡皮刮板将面坯分成4等份
（约96g/个）。

{ 静置发酵 }

12. 揉圆面坯后，用平底盘盖好，在
室温下静置发酵15~20分钟。

{ 定　型 }

13. 面坯的接口朝上放置，用手轻压
面坯，两端稍稍折起，再用擀面杖擀
成约20cm的长度。

14. 把各类水果干分成4等份铺在4个
面坯上，纵向凹折卷起（a），然
后捏住接口闭合（b）。滚动整条面坯
直到接口痕退去，并调整成约25cm的
细棒状。

{ 二次发酵 }

15. 用棉麻布做出间隔后放入面坯（c），在温度30℃的地方静置
50~60分钟，完成二次发酵（d）。

{ 烘　焙 }

16. 把面坯移到烤盘纸上，撒上面粉（材料以外的裸麦面粉）。

17. 烤盘放入烤箱用210℃预热。把面坯和烤盘纸一起移到滚烫的
烤盘上，再施加蒸汽用210℃烘焙20分钟。

frutta 水果馅面包

这款面包包裹着各种配料，让人不禁要问："我是不是有点儿太贪心了？"
裸麦面坯的外皮烘焙得柔软爽口，怎么样，要不要赶紧试一试？

材料 可做 4 个（直径约 8cm）

<裸麦面包面坯> ＊括号内是烘焙比例
高筋面粉·····················105g（70%）
裸麦面粉······················45g（30%）
砂糖·························· 2.2g（1.5%）
水···························· 90g（60%）
盐···························· 2.2g（1.5%）
裸麦酵母（P12）················45g（30%）
核桃（稍微焙烤后切碎）··········15g（10%）
葡萄干·························15g（10%）

无花果（切薄片）·······················2颗
西梅（切薄片）·························2颗
甜橘瓣（切半）······················1大匙
白巧克力粒··························少许
榛果·······························4个
燕麦······························适量

how to make

{ 制作面坯 } ~ { 一次发酵 }

和农家面包（P8的1~10）相同。
在步骤6时将核桃和葡萄干撒在摊开
的面坯上，再揉进面坯里。

{ 静置发酵 }

11．揉圆面坯后，用平底盘盖好，在
室温下静置发酵15~20分钟。

{ 定　型 }

12．面坯的接口朝上放置，用手轻轻
按压，用擀面杖擀成约16cm×12cm的
大小。

13．在靠近身体这侧的面坯上铺上无
花果、甜橘瓣、白巧克力粒，并均等
地摆上榛果（a）。从铺上馅料的这
端开始卷起，捏住接口闭合（b）。
滚动整条面坯直到接口痕退去，然后
调整成约16cm的长筒状。

14．用刀把面坯切成4等份（c），在
一侧的断面上裹上燕麦（d），静置
在烤盘纸上（e）。

{ 二次发酵 }

15．在温度30℃的地方静置50~60分
钟，完成二次发酵（f）。

{ 烘　焙 }

16．烤盘放入烤箱，用210℃预热。
把面坯和烤盘纸一起移到滚烫的烤盘
上，再施加蒸汽用210℃烘焙15分钟。

grissini 面包棒

这款面包无论是外观还是口感都充满个性，可以说是一款大人世界的面包。
不仅适合搭配红酒，还可以折成一半放在浓汤里做装饰。

材料 可做 25 条（长约 15cm，宽约 1cm）

<裸麦面包面坯> ＊括号内是烘焙比例

高筋面粉	105g	（70%）
裸麦面粉	45g	（30%）
砂糖	2.2g	（1.5%）
水	90g	（60%）
盐	2.2g	（1.5%）
裸麦酵母（P12）	45g	（30%）

燕麦	25g
岩盐	3g
迷迭香（干燥）	适量

how to make

〔制作面坯〕～〔一次发酵〕

和农家面包（P8的1~10）相同。

〔静置发酵〕

11．揉圆面坯后，用搅拌盆盖好，在室温下静置发酵15~20分钟。

〔定　型〕

12．面坯的接口朝上放置，用手轻压，用擀面杖擀成大小约27cm×15cm、厚0.3~0.4cm的面坯，然后用橡皮刮板调整形状（a）。

13．往面坯上喷水，撒上燕麦、岩盐、迷迭香（b）。用刀子切割出约1cm宽的条状（c），然后移至烤盘，一边拉长面坯，一边调整形状（d）。

〔烘　焙〕

14．烤箱用160℃预热。然后用160℃烘焙30分钟。

column I

面包的保存与回温

用苹果酵母制成的面包，优点之一就是能够长久地保持其口感和风味。烘焙制成后的面包就算经过数日，只要回温仍可以恢复原来的美味。为了让大家都能够一直享用到美味的面包，在此向大家介绍保存方法和回温方法。

— 保存方法 —

把面包放进保鲜袋（或者塑料袋），将预计一周左右能吃完的面包放冷藏室保存，要一周以上才能吃完的放进冷冻室保存。冷藏时，面包不需要切片，整个放进去保存；冷冻时，根据食用分量，切开后再保存。以我个人为例，保存法式乡村面包等较大的面包时，我会先从两端切出厚片，再把中间的部分切成1~1.5cm 的薄片，然后放进冷冻室保存。薄片作为早餐的面包，两端的厚片则可以搭配炖煮的菜或者浓汤食用。

—回温的方法—

◎冷藏保存时

先往整个面包上喷水，如果使用烤箱，就先用 180~200℃ 预热，然后放进面包烘烤 5 分钟左右。如果使用的是小烤箱，就先温热烤箱约 5 分钟，开关关闭后再将面包放进去温热 3~4 分钟。切成薄片的面包则建议放进烤吐司机回温，即可享受到刚出炉般的口感。

※ 加热的时间请根据面包的大小进行调节。

◎冷冻保存时

诀窍是要解冻后再加热。可以采取自然解冻或者利用微波炉加热 30 秒~1 分钟后，再按照上述方法回温。

chapitre
II
特殊日子的面包
viennoiserie

pain viennois 维也纳面包

这款面包和外皮酥脆的长棍面包不同，
有牛奶面包特有的湿润的口感和浓郁温和的风味，属于口感偏软的餐点面包。

材料 可做 3 条（长约 25cm）

\<牛奶面包面坯\> *括号内是烘焙比例

高筋面粉	200g	（100%）
盐	3g	（1.5%）
砂糖	6g	（3%）
水	90g	（45%）
牛奶	40g	（20%）
酵母	60g	（30%）
奶油（常温）	20g	（10%）

how to make

{ 制作面坯 }～{ 一次发酵 }

和法式牛奶面包（P21的1~2）相同。

{ 切　割 }

3．用橡皮刮板将面坯分为3等份（约140g/个）。

{ 静置发酵 }

4．揉圆面坯后，用搅拌盆盖好，在室温下静置发酵20分钟。

{ 定　型 }

5．面坯的接口朝上放置，用手轻压，面坯两端稍微往里折，用擀面杖擀成约15cm长的大小（a）。

6．把面坯横向折3折（b）（参考长棍面包P27的步骤15）。

7．用擀面杖擀成约25cm长的大小，再重复一次步骤6的动作。

8．面坯再对折，用手掌根部用力揉压，调整形状（c）。滚动整条面坯直到接口痕退去，然后调整成约25cm的细棒状（d）。

{ 二次发酵 }

9．用棉麻布做出间隔后，放入面坯（e）。在温度30℃的地方静置75~90分钟完成二次发酵（f）。

{ 烘　焙 }

10．把面坯移到烤盘纸上，撒上面粉（材料以外的高筋面粉），斜划出刀痕（g）。

11．烤盘放入烤箱，用210℃预热。把面坯和烤盘纸一起移到滚烫的烤盘上，再施加蒸汽用210℃烘焙16分钟。

brioche à tête 法式布里欧修

法式布里欧修并不是坊间经常能看到的那种小型的面包，而是尺寸比较大的。因为不使用水，只添加蛋液，这款面包得以风味绵密浓郁，很适合搭配水果或鲜奶油。

材料 可做 2 个（直径约 15cm）

<布里欧修面包面坯> *括号内是烘焙比例
高筋面粉······················240g（100%）
盐······································3.6g（1.5%）
砂糖··································12g（5%）
蛋······································136g（57%）
酵母··································60g（25%）
奶油（常温）·······················60g（25%）

蛋汁··································适量
糖粉··································适量

how to make

{ 制作面坯 }～{ 一次发酵 }

和法式牛奶面包（P21的1~2）相同，但用蛋液取代了水和牛奶。由于奶油的分量比较多，必须分几次添加混合，可以用手指搅拌混合后，再揉面坯。

{ 切　割 }

3．用橡皮刮板将面坯分为2个约200g的主体和2个约55g的顶部。

{ 静置发酵 }

4．揉圆面坯后，用搅拌盆盖好，在室温下静置发酵15~20分钟。

{ 定　型 }

5．顶部的面坯放在双手间滚动，揉压成水滴状（a）。主体部分轻揉成圆形后，用手指按压正中央，一边拓宽洞口，一边放进涂抹了植物油（材料以外的）的模型里（b）。

6．把顶部较小的面坯放进主体的洞口，用手揉压闭合接口（c）。

{ 二次发酵 }

7．在温度30℃的地方静置120~150分钟，完成二次发酵（d，e）。

{ 烘　焙 }

8．往面坯上喷水后，涂抹蛋汁，主体部分用剪刀剪出5道刀痕（f）。

9．烤箱用210℃预热。往烤箱内喷点水后，用210℃烘焙25分钟。

10．面包冷却后，可依个人喜好撒上糖粉。

材料 可做 7 个（长约 10cm）

croissant **可颂**

<全麦面包面坯> *括号内是烘焙比例

高筋面粉	170g（85%）
全麦面粉	30g（15%）
盐	2.4g（1.2%）
砂糖	4g（2%）
水	120g（60%）
酵母	50g（25%）
奶油（常温）	20g（10%）
奶油夹心	60g
蛋汁	适量

做法有些复杂，但绝对值得一试，这也是备受期待的一款面包。
我做的可颂，用的是全麦面坯，奶油含量少，
为的是突出天然的口感和风味。

奶油夹心用保鲜膜包好，再用擀面杖擀成边长12cm的正方形薄片，放进冰箱冷藏室冷藏一晚备用。

how to make

〔 制作面坯 〕

1. 把面粉、盐、砂糖、水放进搅拌盆里混合，待聚合成团后，加入酵母混合。

2. 取出面坯放在平台上，加入奶油后揉压摊开面坯，再揉圆，重复5~6次（a）。

※不是揉搓，而是感觉要和面坯合为一体。这样做是为了防止可颂的面坯产生面筋。

〔 一次发酵 〕

3. 把揉圆的面坯放进塑料袋里，在室温下静置3个小时，完成第一次发酵。

〔 奶油夹心 〕

4. 再次揉圆面坯，用刀子划出十字（b）。擀面杖从刀痕的开口处开始擀开面坯（面坯中间部分略厚一些），然后放上奶油夹心（c），折叠面坯四边将奶油包裹在里面。

5. 用擀面杖把面坯纵向擀成原来的3倍长（d），拍掉多余的面粉后，折3折（e）。

放进塑料袋，在冰箱冷藏室静置30分钟以上。

※可以用手指在面坯上压指印做记号，防止自己忘记重复了几次。

6. 从冰箱里取出面坯纵向放好，重复步骤5（第二次折叠）。

7. 最后，面坯纵向擀成原来的4倍长，两端在中央处会合对齐，折4折，放进塑料袋在冰箱冷藏室静置一晚。

〔 定 型 〕

8. 从冰箱里取出面坯纵向放好，用擀面杖擀成约40cm×22cm的大小，用刀把四边裁齐。

9. 面坯横向摆放，靠近自己的这边以每10cm做记号，另一边以5cm、10cm、10cm、5cm做记号（f）。接着切开面坯，切成7个等腰三角形（g），两端的剩余面坯则切成小块。

10. 在底边划出刀痕，一边折叠，一边拉开刀痕，最后用剩余的面坯卷起来（h）。

〔 二次发酵 〕

11. 把面坯放到烤盘上（i），在温度28℃的地方静置90分钟，完成二次发酵（j）。

〔 烘 焙 〕

12. 面坯的表面涂抹上蛋汁（k）。

※注意不要把蛋汁涂抹在面坯的断面上。

13. 烤箱用200℃预热。往烤箱内喷点水后，用190℃烘焙25分钟。

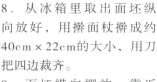

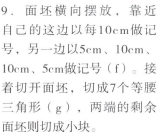

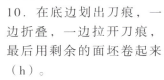

pain au raisins 卡士达葡萄干面包

牛奶面坯涂满大众喜爱的卡士达，可谓极佳的下午茶点心。卡士达葡萄干面包造型可爱又口味甜美，一定会成为聚餐时的话题焦点。

材料 可做6个（直径约5cm）

<牛奶面包面坯> ＊括号内是烘焙比例
高筋面粉·················· 200g（100%）
盐····························· 3g（1.5%）
砂糖···························· 6g（3%）
水··························· 90g（45%）
牛奶·························· 40g（20%）
酵母·························· 60g（30%）
奶油（常温）················ 20g（10%）

卡士达············ 下方卡士达制作量的1/3
朗姆葡萄干（15g葡萄干淋上1小匙朗姆酒）··························· 1份
蛋汁··························· 适量

卡士达的制作方法

<材料> 容易制作的分量
蛋黄·························· 3个
红砂糖······················· 65g
低筋面粉····················· 35g
牛奶························· 250g
香草（事先将豆荚与种子分开）··· 1/4根
奶油（无盐）··················· 20g

<做法>
1. 蛋黄和红砂糖放进搅拌盆里，用打蛋器搅拌至整体变白为止。
2. 低筋面粉放入步骤1中混合。
3. 牛奶和香草（豆荚与种子）放进锅里煮至快沸腾为止。
4. 将步骤3缓缓地倒入步骤2中进行混合。
5. 把步骤4再倒回锅里用小火慢煮，并一边用木棒搅拌至液体渐渐煮干。等到液体煮干，变得足够坚硬时，加入奶油进行混合。

how to make

｛制作面坯｝～｛一次发酵｝

和法式牛奶面包（P21的1~2）相同。

｛静置发酵｝

3. 揉圆面坯后，用搅拌盆盖好，在室温下静置发酵20分钟。

｛定　型｝

4. 面坯的接口朝上放置，用手轻压，折成3折，用擀面杖擀成约15cm×35cm的大小。
5. 面坯上涂好卡士达，撒上葡萄干，从靠近身体这侧卷起面坯（a），闭合接口（b）后，用刀切成6等份（c）。

｛二次发酵｝

6. 断面部分朝上放在烤盘纸上（d），在温度30℃的地方静置50~60分钟，完成二次发酵（e）。

｛烘　焙｝

7. 断面部分涂上蛋汁。
8. 烤箱用210℃预热。用210℃烘焙16分钟。

sweet focaccia 甜蜜佛卡夏

一般是用比萨的面坯，但这次改用牛奶面包面坯来做这款甜面包。
柔软的口感以及烘烤后砂糖的焦香，实在令人食欲大开。记得一定要在刚出炉时趁热品尝哦！

材料 可做 1 块（约 30cm × 20cm）

<牛奶面包面坯> *括号内是烘焙比例
高筋面粉·················200g（100%）
盐·····················3g（1.5%）
砂糖····················6g（3%）
水·····················90g（45%）
牛奶····················40g（20%）
酵母····················60g（30%）
奶油（常温）···············20g（10%）

卡士达··········1/3的量（P75卡士达的做法）
糖煮苹果···下方糖煮苹果制作量的1/2
砂糖·····················适量

糖煮苹果的制作方法

<材料>容易制作的分量
苹果····················3小个
水·····················500g
砂糖····················100g
香草（将豆荚与种子分开）········1根

<做法>
1. 苹果切成4等份后削皮。
2. 把水、砂糖、香草（豆荚与种子）放进锅里煮，直到砂糖融化。
3. 煮沸后转小火，放入步骤1，盖上锅盖煮10分钟左右。熄火，不掀盖子，用余热闷一会儿。

how to make

｛制作面坯｝～｛一次发酵｝

和法式牛奶面包（P21的1~2）相同。

｛静置发酵｝

3. 揉圆面坯后，用搅拌盆盖好，在室温下静置发酵20分钟。

｛定型｝

4. 面坯的接口朝上放置，用手轻压后折成3折，用擀面杖擀成约30cm × 20cm的大小（a）。

｛二次发酵｝

5. 面坯移到烤盘纸上，用擀面杖调整定型，四边留厚一些（b），在温度30℃的地方静置50~60分钟，完成二次发酵（c）。

｛烘焙｝

6. 往面坯上喷水后，涂上卡士达，撒上砂糖，放上切成薄片的糖煮苹果（d）。

7. 烤箱用210℃预热。往烤箱内喷点水后，用210℃烘焙16分钟。

8. 烘焙完成后，用瓦斯喷枪炙烤边缘，直到表面呈现焦糖色。

black cacao baguette 黑可可长棍面包

这款面包洋溢着浓浓的可可芳香，甜而不腻，是一款符合成人口味的巧克力面包。
不仅适合搭配浆果类的果酱，还可以和红葡萄酒炖煮的料理一起享用。

材料 可做 6 条（长约 15cm）

<牛奶面包面坯> *括号内是烘焙比例
高筋面粉··················170g（100%）
可可粉···················· 5g（3%）
黑可可粉··················3.4g（2%）
盐······················2.5g（1.5%）
砂糖······················5g（3%）
水·······················76g（45%）
牛奶······················34g（20%）
酵母······················51g（30%）
奶油（常温）···············17g（10%）

how to make

〔制作面坯〕～〔一次发酵〕

和法式牛奶面包（P21的1~2）相同。
添加面粉时一并加入可可粉。

〔切　割〕

3. 用橡皮刮板将面坯分为6等份（约60g/个）。

〔静置发酵〕

4. 揉圆面坯后，用搅拌盆盖好，在室温下静置发酵20分钟。

〔定　型〕

5. 面坯的接口朝上放置，用手轻压，面坯两端稍微往里折，用擀面杖擀成约10cm长的大小（a）。

6. 把面坯横向折3折（b）（参考长棍面包P27的步骤15）。

7. 重复步骤6的动作折3折后再对折，然后用手掌根部用力揉压，调整形状（c）。滚动整条面坯直到接口痕退去，调整成约15cm长的棒状。

〔二次发酵〕

8. 用棉麻布做出间隔后，放入面坯（d）。在温度30℃的地方静置75~90分钟，完成二次发酵（e）。

〔烘　焙〕

9. 把面坯移到烤盘纸上，撒上面粉（材料以外的高筋面粉），斜划出刀痕（f）。

10. 烤盘放入烤箱，用210℃预热。把面坯和烤盘纸一起移到滚烫的烤盘上，施加蒸汽用210℃烘焙16分钟。

chocolat valentine 巧克力情人

添加了可可粉的牛奶面坯，烘烤后柔软可口。
黑色的面包搭配上华丽的装饰，非常适合用来做情人节的特制面包。

材料 可做 3 条（长约 15cm）

＜牛奶面包面坯＞ ＊括号内是烘焙比例

高筋面粉·················	170g（100%）
可可粉······················	5g（3%）
黑可可粉····················	3.4g（2%）
盐··························	2.5g（1.5%）
砂糖························	5g（3%）
水··························	76g（45%）
牛奶························	34g（20%）
酵母························	51g（30%）
奶油（常温）·················	17g（10%）

可可鲜奶油（夹心用）·············· 适量
可可糖霜······················ 适量
浆果、核桃、银色糖珠（装饰用）······ 适量

可可鲜奶油的制作方法

＜材料＞ 容易制作的分量

奶油（常温）·················	30g
砂糖························	30g
玉米粉······················	12g
牛奶························	200g
调温巧克力··················	20g
可可粉······················	5g

＜做法＞

1．奶油和砂糖放进搅拌盆里，用打蛋器混合搅拌后，再加入玉米粉混合均匀。

2．牛奶加热到即将沸腾时熄火，缓缓倒进步骤1，再用打蛋器充分搅拌避免结块。

3．把步骤2放回刚刚煮牛奶的锅里，开中火，不断用打蛋器混合搅拌，避免煮焦。

4．等到液体变黏稠，可以看到锅底时，放进切块的巧克力和可可粉混合，然后移到平底盘里盖上保鲜膜等它冷却。

how to make

｛ 制作面坯 ｝～｛ 一次发酵 ｝

和法式牛奶面包（P21的1~2）相同。添加面粉时一并加入可可粉。

｛ 切　　割 ｝

3．用橡皮刮板将面坯分为9等份（约40g/个）。

｛ 静 置 发 酵 ｝

4．揉圆面坯后，用搅拌盆盖好，在室温下静置发酵10~15分钟。

｛ 定　　型 ｝

5．重新轻轻揉圆面坯（a），并排放入涂抹了植物油（材料以外的）的模型里（b）。

｛ 二次发酵 ｝

6．在温度30℃的地方静置90~120分钟，完成二次发酵（c）。

｛ 烘　　焙 ｝

7．烤箱用210℃预热。往烤箱内喷水后，用210℃烘焙14分钟。

8．面包从模型中取出，等到冷却后，横着对半切开，抹上鲜奶油当夹心，把可可糖霜涂在面包上，并用浆果、核桃和银色糖珠做装饰。

可可糖霜的制作方法

＜材料＞ 容易制作的分量

可可粉·····················	2g
糖粉······················	20g
水·························	约2g

＜做法＞

将水一滴一滴地滴入可可粉和糖粉里混合，直到稍微变硬为止。

column II

用当季水果自制酵母

从刚开始制作面包到可以随心所欲地烘焙出自己喜欢的面包，我尝试过多种水果制作的酵母，最后才选定了苹果。不过除了苹果之外，我个人还偏好用新鲜蓝莓和柿子来做酵母。初夏刚采摘的蓝莓制成的酵母，能让面包带有浓郁的奶香和柔软的质感。和自然朴素的苹果酵母面包不同，添加了蓝莓酵母的吐司面包和牛奶面包有着奢华的芳香。

另外，用秋天成熟的口味甜美的柿子制成的酵母，也极具魅力。就算制作酵母时不大上心或稍有懈怠，但柿子酵母发酵力强且易操控，初学者也容易掌握。柿子酵母面包和苹果酵母面包很像，都属于风味温和的面包。

—— 蓝莓酵母和柿子酵母 ——

做法和苹果酵母（P6）相同。柿子的用量是 1 个，蓝莓是200g。两种酵母，刚做好的时候颜色都会偏深，烘焙出来的面包也会带点儿颜色，不过随着不断地喂养面粉，酵母的颜色会逐渐变浅，所以不用担心。

chapitre
III
博得欢心的面包
variation

bagel 贝果面包

这款面包加入了全麦面粉，如果偏好带有嚼劲的口感，可以省略二次发酵的步骤直接烘烤。
耐心且持续地喷水，可以让烘焙出的面包富有光泽。

材料 可做4个（直径约10cm）

<牛奶面包面坯> *括号内是烘焙比例

高筋面粉	170g	（85%）
全麦面粉	30g	（15%）
砂糖	4g	（2%）
水	120g	（60%）
盐	2.4g	（1.2%）
酵母	50g	（25%）

黑糖蜜（Molasses，如果有的话）……… 1大匙

黑糖蜜是一种糖浆。在水煮贝果时添加进去，可以让贝果的甜味更独特。一般在烘焙材料店可以买到黑糖蜜。

how to make

〔制作面坯〕~〔一次发酵〕

和农家面包（P8的1~10）相同。

〔切　割〕

11. 用橡皮刮板将面坯分为4等份（约94g/个）。

〔静置发酵〕

12. 揉圆面坯后，用搅拌盆盖好，在室温下静置发酵15~20分钟。

〔定　型〕

13. 面坯的接口朝上放置，用手轻压，面坯两端稍微折叠后，用擀面杖擀成约15cm长的大小（a）。

14. 面坯折3折后（b），再对折，手掌根部用力揉压。滚动整条面坯直到接口痕退去，然后调整成长约20cm的棒状。这时左端保持开口的状态，把右端揉细（c）。

15. 一边旋转面坯一边绕成环状，用左端的开口套住右端密合住封口（d）。

〔二次发酵〕

16. 往面坯上喷水后，放置在棉麻布上（e）。在温度30℃的地方静置30分钟，完成二次发酵（f）。

〔烘　焙〕

17. 煮沸一整锅的水，加入黑蜜糖，再次往面坯上喷水。

18. 转为小火，放入面坯，水煮约90秒后移到烤盘纸上（g），再次往面坯上喷水。

19. 烤箱用220℃预热。往烤箱内喷水后，用220℃烘焙25分钟。

※一定要在煮过的面坯还没有变干之前就进行烘焙。

épi 培根麦穗面包

这是一款以麦穗为造型的法式传统面包。
坚硬的外皮包裹住鲜美的培根，美味得让人忍不住一口接着一口。

材料 可做 3 条（长约20cm）

`<牛奶面包面坯>` *括号内是烘焙比例

高筋面粉	180g	（100%）
盐	2.7g	（1.5%）
砂糖	5.4g	（3%）
水	81g	（45%）
牛奶	36g	（20%）
酵母	54g	（30%）
奶油（常温）	18g	（10%）

芥末粒	少许
培根	3片
盐、胡椒	适量

how to make

{ 制作面坯 } ~ { 一次发酵 }

和法式牛奶面包（P21的1~2）相同。

{ 切　　割 }

3．用橡皮刮板将面坯分为3等份（约125g/个）。

{ 静置发酵 }

4．揉圆面坯后，用搅拌盆盖好，在室温下静置发酵20分钟。

{ 定　　型 }

5．面坯的接口朝上放置，用手轻压，面坯两端折起形成三角形，然后用擀面杖擀成两边约20cm长的等腰三角形（a）。

6．纵向的中间处涂抹上芥末粒，摆上培根，撒上盐、胡椒（b），用面坯包裹住培根，然后封口（c）。

7．面坯再次纵向对折，用手掌根部用力揉压，调整形状。滚动整条面坯直到接口痕退去，然后调整成约25cm长的细棒状。

{ 二次发酵 }

8．用棉麻布做出间隔后，放入面坯（d）。在温度30℃的地方静置75~90分钟，完成二次发酵（e）。

{ 烘　　焙 }

9．面坯移到烤盘纸上，撒上面粉（材料以外的高筋面粉），用剪刀侧着剪出开口，让面坯左右交替着展开（f）。

10．烤盘放入烤箱用210℃预热。把面坯和烤盘纸一起移到滚烫的烤盘上，再用210℃烘焙15分钟。

材料 可做3片（长约20cm）

<法式乡村面包面坯>＊括号内是烘焙比例

高筋面粉	170g	（85%）
裸麦面粉	15g	（7.5%）
全麦面粉	15g	（7.5%）
砂糖	2g	（1%）
水	120g	（60%）
盐	4g	（2%）
酵母	50g	（25%）

油渍番茄干（切碎）	35g	（17.5%）

红辣椒酱	少许
黑橄榄酱	2小匙
奶酪粉	40g
橄榄油	适量

fougasse 普罗旺斯香草面包

在法国南部，每到感恩节大家都会烘焙很大的香草面包，悬挂在家里。想吃的人可以自己拿剪刀剪来吃，非常有趣，这也是家庭聚会中必不可少的一款面包。

how to make

{制作面坯}～{一次发酵}

和农家面包（P8的1~10）相同。在步骤6时把揉好的面坯摊开，撒上番茄干，揉碎后揉进面坯（参考P39图片a）。

{切　割}

11. 用橡皮刮板将面坯分为3等份（约137g/个）。

{静置发酵}

12. 面坯揉圆后，盖上搅拌盘，在室温下静置发酵15~20分钟。

{定　型}

13. 面坯的接口朝上放置，用手轻压，然后用擀面杖擀成长约20cm的椭圆形，接着依次涂抹上红辣椒酱、黑橄榄酱（a）。

14. 面坯对折，用手揉压闭合接口，再用擀面杖擀成约20cm长的半月形。

{二次发酵}

15. 把面坯放在棉麻布上（b）。在温度30℃的地方静置60~70分钟，完成二次发酵。

{烘　焙}

16. 在面坯表面涂抹上橄榄油，撒上艾丹姆奶酪粉。

17. 用橡皮刮板在面坯上划出5道刀痕（c），把面坯移到烤盘上，一边撑开刀痕，一边调整形状。

18. 烤箱用210℃预热。再用210℃烘焙17分钟。

材料 可做 9 片（长约 10cm）

<法式乡村面包面坯> ＊括号内是烘焙比例

高筋面粉···················170g（85％）
裸麦面粉···················15g（7.5％）
全麦面粉···················15g（7.5％）
砂糖··························2g（1％）
水··························120g（60％）
盐··························4g（2％）
酵母·························50g（25％）

黑橄榄（切碎）···············45g
芝麻·························3大匙
盐·························1/2小匙
橄榄油························适量

how to make

〔制作面坯〕~〔一次发酵〕

和农家面包（P8的1~10）相同。

〔切　　割〕

11. 用橡皮刮板将面坯分为9等份
（约41g/个）。

〔静置发酵〕

12. 把面坯揉圆至表面带有弹性后，
捏合接口朝下放置。盖上搅拌盘，
在室温下静置发酵15~20分钟。

〔定　　型〕

13. 面坯的接口朝上放置，用擀面
杖擀成圆形，铺上黑橄榄（各1/9的
量）、撒上盐。

14. 用面坯包裹住黑橄榄，揉成圆
形，闭合接口（a）。

15. 在平台上撒上芝麻，把面坯放
在上面，然后用擀面杖擀成约15cm
的长度（b）。

〔烘　　焙〕

16. 把面坯粘着芝麻的那面朝下，
放在烤盘纸上（c）。

17. 烤盘放入烤箱，用220℃预热。
把面坯和烤盘纸一起移到滚烫的烤
盘上，再用220℃烘焙12分钟。

18. 面包烘焙完成后，涂抹上橄
榄油。

galette aux olives 法式橄榄薄饼

因为想吃蘑菇面包和芝麻面包（P47~P49）的伞状部分，
于是有了这款面包。香脆的口感让人吃了就停不下来，很适合用来搭配
白葡萄酒。

pizza 比萨

刚出炉热腾腾的比萨虽然只加了番茄酱和奶酪，
但比萨的美味还是让人爱不释口。

材料 可做4片（直径约15cm）

＜比萨面坯＞ ＊括号内是烘焙比例

高筋面粉	140g	（70%）
裸麦面粉	60g	（30%）
砂糖	3g	（1.5%）
水	120g	（60%）
盐	3g	（1.5%）
酵母	60g	（30%）

橄榄油·······························适量
番茄酱····························120g
西葫芦、茄子（用平底锅略微煎
过）···············5mm宽的薄片各8片
比萨用的奶酪························45g

how to make

{制作面坯}～{一次发酵}

和农家面包（P8的1~10）相同。

{切　　割}

11. 用橡皮刮板将面坯分为4等
份（约96g/个）。

{静置发酵}

12. 面坯揉圆后，盖上搅拌盘，
在室温下静置发酵15~20分钟。

{定　　型}

13. 面坯的接口朝上放置，用手
轻压，再用擀面杖擀成直径约
10cm的圆形。用手拿着面坯，
延展成边缘略厚、直径约15cm
的圆形（a），放在烤盘纸上。

14. 在面坯的边缘涂上橄榄油，
中间涂上各1/4分量的番茄酱，
然后各摆上2片西葫芦和茄子，
撒上奶酪粉（b）。

{烘　　焙}

15. 烤盘放入烤箱，用250℃预
热。把面坯和烤盘纸一起移到滚
烫的烤盘上，再用250℃烘焙10
分钟。

材料 可做 3 片（直径约 15cm）

<全麦面包面坯> ＊括号内是烘焙比例

高筋面粉	170g	（85%）
全麦面粉	30g	（15%）
砂糖	4g	（2%）
水	120g	（60%）
盐	2.4g	（1.2%）
酵母	50g	（25%）

酪梨（切片）	1个
黑橄榄	约18颗
茅屋奶酪（Cottage Cheese）	50g
卷边生菜	适量
法式沙拉酱（做法参照P34）	适量

how to make

{制作面坯}～{一次发酵}

和农家面包（P8的1~10）相同。

{切　　割}

11. 用橡皮刮板将面坯分为3等份（约125g/个）。

{静置发酵}

12. 面坯揉圆后，盖上搅拌盘，在室温下静置发酵15~20分钟。

{定　　型}

13. 面坯的接口朝上放置，用手轻压，再用擀面杖擀成直径约15cm的圆形（a），然后并排放在烤盘纸上（b）。

{烘　　焙}

14. 烤盘放入烤箱，用230℃预热。把面坯和烤盘纸一起移到滚烫的烤盘上，用230℃烘烤到面坯膨胀后，再烤2分钟。

※烘烤时面坯会像气球一样膨胀起来，中间出现空洞。

15. 塞进酪梨、黑橄榄、奶酪、生菜，然后淋上法式沙拉酱。

※也可以用平底锅来烧烤完成。方法是先热锅，然后放进面坯，盖上锅盖烤6~7分钟。

pita　口袋面包

多出来的全麦面坯，最适合用来做口袋面包了。成功的关键在于高温烘烤。另外，用法式乡村面包的面坯来做也很美味。

milky orange 奶香香橙面包

grilled cheese 焗奶酪面包

milky orange 奶香香橙面包

使用的是小型的蛋糕模型，烘烤出来的面包外形可爱，非常适合当作小礼物。甜橙和白巧克力的搭配融合了不同的甜味，更交织出多层次的丰富美味。

grilled cheese 焗奶酪面包

这款面包带有艾丹姆奶酪粉的温醇浓郁风味，由于质地松软容易入口，可以切片后搭配各式料理一起食用。

材料 可做 3 条（长约 15cm）

<牛奶面包面坯> *括号内是烘焙比例

高筋面粉	180g	（100%）
盐	2.7g	（1.5%）
砂糖	5.4g	（3%）
水	81g	（45%）
牛奶	36g	（20%）
酵母	54g	（30%）
奶油（常温）	18g	（10%）

奶香香橙面包（3条份）

甜橘瓣（切碎）	2大匙
白巧克力粒	10g
糖粉、珍珠糖粒	适量

焗奶酪面包（3条份）

艾丹姆奶酪粉	适量
橄榄油	适量

how to make

｛制作面坯｝~｛一次发酵｝

和法式牛奶面包（P21的1~2）相同。

｛切　　割｝

3. 用橡皮刮板将面坯分为6等份（约62g／个）。

｛静置发酵｝

4. 面坯揉圆后，盖上搅拌盘，在室温下静置发酵20分钟。

｛定　　型｝

【奶香香橙面包】

5. 面坯的接口朝上放置，用手轻压，两端稍微往里折，再用擀面杖擀成约12cm长的大小，各铺上1/6分量的甜橘瓣和白巧克力粒，从靠近身体这侧卷起面坯（a），密合接口。

6. 把面坯放进已经涂抹植物油（材料以外）的模型的两端（b）。

【焗奶酪面包】

5. 面坯重新揉圆，蘸上橄榄油和艾丹姆奶酪粉（c）。

6. 把面坯放进铺好烤盘纸的模型里（d）。

｛二次发酵｝

7. 在温度30℃的地方静置60~90分钟，完成二次发酵（e）。

｛烘　　焙｝

8. 【奶香香橙面包】面坯上撒上糖粉，摆上珍珠糖粒（f）。

9. 烤箱用210℃预热。往烤箱内喷水后，用210℃烘焙14分钟。

材料 可做栗子4个, 巧克力5个（直径约3cm）

<牛奶面包面坯> *括号内是烘焙比例
高筋面粉················180g（100%）
盐······················2.7g（1.5%）
砂糖····················5.4g（3%）
水······················81g（45%）
牛奶····················36g（20%）
酵母····················54g（30%）
奶油（常温）··············18g（10%）

蜜渍栗子酱···40g（分成各10g的圆球状）
白巧克力粒·····················15g
花生粉、珍珠糖粒···········各适量

how to make

┆制作面坯┆～┆一次发酵┆

和法式牛奶面包（P21的1~2）
相同。

┆切　割┆

3．用橡皮刮板将面坯分为9等
份（约42g/个）。

┆静置发酵┆

4．面坯揉圆后，盖上搅拌盘，
在室温下静置发酵20分钟。

┆定　型┆

5．【栗子】面坯的接口朝上放
置，用手轻压摊开，用面坯包
裹住栗子酱（a），捏合接口，
然后放进模型里（b）。

6．【巧克力】面坯的接口朝
上放置，用擀面杖擀成长约
15cm的椭圆形，铺上白巧克力
粒，从靠近身体这侧卷起面坯
（c），捏合接口，然后放进模
型里（d）。

┆二次发酵┆

7．在温度30℃的地方静置50~60分钟，完成二次发酵。

┆烘　焙┆

8．【栗子】撒上花生粉，【巧克力】摆上珍珠糖粒。

9．烤箱用210℃预热。往烤箱内稍微喷水后，用210℃烘焙14分钟。

petit four de boulanger 杯子面包

"请给我来杯茶！"这2种外形讨喜的杯子面包，
会让人忍不住想喝杯下午茶。
当然，在聚会的时候，杯子面包也非常讨人欢心。

gaufre 华夫饼

这款华夫饼用苹果酵母代替了发酵粉，口感松脆。
面坯里加入巧克力或者朗姆酒浸泡过的葡萄干，都非常美味。

材料 可做6片（直径约10cm）

牛奶	100g
酵母	50g
鸡蛋	2个
砂糖	25g
盐	少许
低筋面粉（过筛2次）	125g
融化的奶油	50g

华夫饼
草莓、蓝莓、发泡鲜奶油………各适量

圆松饼
奶油、蜂蜜柠檬（蜂蜜和柠檬汁混合）、柠檬
的圆切片…………………………各适量

how to make

1. 牛奶和酵母放进搅拌盆里，用打蛋器搅拌至不粘黏为止。

2. 加入鸡蛋、砂糖、盐，充分混合后，依次加入低筋面粉、奶油，混合搅拌至均匀润泽为止（a）。

3. 在常温下静置2小时。

4.【华夫饼】

把面坯倒进华夫饼机里，烘烤至上色后，取出盛在盘里，用水果和鲜奶油进行装饰。

　【圆松饼】

将奶油放进平底锅里加热，把面坯倒进圆形模具里，两面煎烤上色后，取出盛在盘里，淋上蜂蜜柠檬，摆上柠檬片。

pan cake 圆松饼

和华夫饼的面坯相同，只是这款更加松软。如果减少砂糖，再加入切细的洋葱，就可以当作早午餐了。

sucré salé 甜酥饼

Boter - Eieren
Specialiteit : Fijne kaassoorten
Tel. (015) 51 15 4
Haachtse
KEERB

très salé 咸酥饼

très salé 甜酥饼 *sucré salé* 咸酥饼

酥饼的创意来自法国干涸的土壤，分为咸味重的咸酥饼和酸酸甜甜的甜酥饼。
口感皆酥脆香浓，很适合做下酒的点心。

材料＜咸酥饼＞
可做40根（长约8cm）

高筋面粉	160g
低筋面粉	90g
酵母	30g
盐	12g
砂糖	25g
水	85g
色拉油	60g
燕麦	40g

材料＜甜酥饼＞
可做30片（直径约3cm）

高筋面粉	160g
低筋面粉	90g
酵母	30g
杏仁粉	40g
盐	4g
砂糖	40g
水	85g
色拉油	60g

砂糖（完成时使用）……适量
糖浆（完成时使用/蜂蜜1大匙和少许香橙酒混合）1大匙……全部

how to make

1. 将全部材料（完成时使用的除外）放进搅拌盆里，混合至成块，借着水和油在搅拌盆里软化酵母，使整体混合均匀（a）。

2. 取出面坯放在平台上，轻轻滚动揉圆至呈海参状，对半切开（b）。

【咸酥饼】

3. 用保鲜膜包裹面坯，再用手揉开摊成约12cm×8cm的长方形（c）。放进冰箱冷藏室静置一晚。

4. 往面坯上喷水后，表面撒上燕麦（材料以外的），用刀切成约2cm宽的条状（d），断面朝上，一边稍微拉长面坯，一边放到烤盘上（e）。

5. 烤箱用180℃预热，然后烘烤15分钟。

【甜酥饼】

3. 用保鲜膜包裹面坯，滚动调整成长约10cm的长方体（f）。放进冰箱冷藏室静置一晚。

4. 往面坯上喷水后，表面撒上砂糖，用刀切成约2cm宽的块状，摆放在烤盘纸上。然后用汤匙的背面轻轻按压面坯调整成圆形（g）。

5. 烤箱用180℃预热，烘烤15分钟。烘烤好后，表面涂上糖浆，再烘焙2分钟。

※咸酥饼、甜酥饼的面坯可以在冰箱冷藏室里保存4~5天。时间越久，烘烤出来的口感也越酥脆。

材料
ingredients

基本的材料

介绍制作基础面包时所必需的基本材料。

< 苹果 >
苹果是制作面包时的主角。虽然不限品种，但是糖度高的甜苹果比较容易发酵。我个人推荐使用"富士苹果"。

< 高筋面粉 >
使用的是北海道产的 100% 小麦面粉。特点是带有浓郁的风味和柔和的甜度，非常适合搭配苹果酵母使用。

< 裸麦面粉 >
使用的是法国产的裸麦制成的裸麦面粉，质地细腻，气味纤细温和，且酸味较少，可以制作出质地柔滑的面包。

< 全麦面粉 >
采用的是整粒小麦放进石臼里磨碎而制成的全麦面粉，带有朴素的面粉香味。

< 盐 >
推荐使用味道温和的岩盐来搭配风味柔和的苹果酵母面包。

< 砂糖 >
请挑选非精制、天然且高品质的砂糖。

< 奶油 >
奶油可以为可颂和牛奶面坯带来浓郁的风味。品牌不限，不过要选用不添加食盐的奶油。

辅料

介绍做各类面包时所需要的辅料。

< 燕麦 >

燕麦可以为面包带来独特的风味、香气和口感。事先备好燕麦，在用到时会很方便，常用于全麦面包、核桃面包等多种面包。

< 上新粉 >

由糯米磨成粉制成的。容易粘黏的长棍面包（P27）等放在棉麻布上进行二次发酵时，上新粉可以作为打粉来铺底。

< 可可粉 >

使用法国的巧克力品牌"法芙娜"的可可粉。因为选用的是上等的 100% 的可可粉，所以香气也特别浓郁。

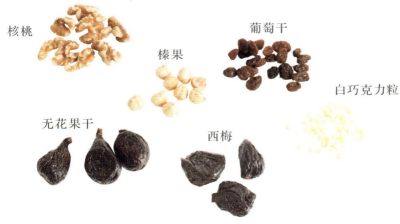

核桃　榛果　葡萄干　白巧克力粒　无花果干　西梅

< 馅料 >

美味的面坯，应该搭配上等的馅料。选材的秘诀是，就算单吃也非常美味。我通常会选用查德拉品种的核桃、法国产的西梅、无油渍的加州葡萄干。

工具
tools

基本的工具

介绍制作基础面包时所必需的基本工具。

< 搅拌盆 >

搅拌盆可以作为搅拌材料时的容器，也可以当作静置发酵时的盖子。准备好容量约 2L、1L、500ml 大中小三种尺寸的搅拌盆，这样使用起来会更方便。

< 秤 >

制作面包时需要正确计量重量，所以秤是不可或缺的一样工具。请准备可以精确测量到 0.1g 的电子秤。

< 擀面杖 >

带有凹凸纹路的可以压出气体的擀面杖（上）非常实用。在制作可颂等面包时要使用较长的木质擀面杖（下）。

< 橡皮刮板 >

橡皮刮板是一片薄款的塑料刀板，可以用于切割面坯、移动面坯，是制作面包时不可或缺的工具之一。

< 布 >

发酵时用的布，推荐使用麻或棉材质的布。

< 烤盘纸 >

在烘焙的时候铺在烤盘上使用。虽然是纸质的，却很牢固，所以用完一次后不要丢掉，可以重复使用。

< 喷水器 >

为了防止面坯干燥的喷水器，喷出的水是细雾状的。推荐"仓又式喷雾器"，喷水后渗入面坯的方式和一般喷水器截然不同。

< 刀片 >

我用的是自己改良过的从市场上买来的刀片。也可以使用市场上卖的刀片或者刀刃比较薄的刀子。

< 筛粉器 >

为了防止面包烤焦，也为了使面包的造型更加丰富，可以在烘烤前撒上粉，如图，我用的这种滤茶网非常实用。

其 他

不同的面包有各自必需的工具，或者有了它会变得更加方便的工具。

< 发酵篮 >

法式乡村面包和裸麦面包发酵时使用，分为直径 10cm 的圆形发酵篮和长 20cm 的椭圆形发酵篮。

<1 斤模型 >

长约 20cm × 高约 10cm × 宽约 12cm，是制作吐司时必需的工具，带有盖子的模型可以做出山形和方形两种吐司。

< 磅蛋糕模型 >

长约 16cm × 高约 10cm × 宽约 10cm 的磅蛋糕模型，可以用来烘焙南瓜面包和肉桂黑葡萄干面包等（P44~45），能让原来的吐司面坯更加蓬松柔软。

< 小磅蛋糕模型 >

方便且造型可爱的迷你尺寸。本书中的奶香香橘面包和焗奶酪面包（P94）使用的就是这种模型。

< 长棍面包拿取板 >

移动长棍面包所需的工具。这种标有刻度的拿取板还可以当作量尺使用。

< 面包刷 >

制作法式乡村面包和可颂等面包时，面包刷可以用来拂去多余的面粉。请选用毛质柔软的刷子。

< 刷子 >

在面包表面涂抹蛋汁等涂酱的时候使用。建议选择硅胶材质的刷子，较方便清洗。

法式洋葱浓汤

洋葱炒过后，其甘甜会不断地、充分地渗入面包里。
里面放的烤吐司，也可选用变硬的长棍面包来替代，都十分美味。

用变硬的
面包做法
式 料 理

在许多法式家常料理
中，面包都是不可或
缺的主角之一。有些
容易变硬的面包可以
灵活自如地运用在法
式料理中，会收获意
想不到的美味。

凯撒沙拉

面包切成大块，用奶油炒香后就变成面包丁了。
搭配上生菜食用，即是一款口感十足的沙拉。

山羊奶酪和核桃吐司

烤得香脆的吐司非常适合用来搭配略带酸味的山羊奶酪。
用法式乡村面包和裸麦面包来搭配山羊奶酪也很美味。

香草烤裸麦面包和白肉鱼

这是法式三明治的豪华版。只要利用多余的面包，
稍加变化，就能变身为漂亮的待客佳肴。

法式洋葱浓汤

材料（4人份）

变硬的长棍面包（P27）…………1/2条
洋葱…………………………2个
色拉油………………………3大匙
鸡高汤………………………800cc
盐、胡椒……………………各适量
大蒜…………………………1瓣
奶油…………………………适量
荷兰芹………………………少许

how to make

1．长棍面包切成1cm厚的圆片，洋葱切成薄片。

2．用平底锅热油，倒入洋葱，用小火炒至呈焦糖色。

3．往步骤2中加入鸡高汤，炖煮约15分钟后，加入盐、胡椒调味。

4．长棍面包上涂上大蒜泥和奶油，放进烤箱烘烤。

5．把步骤3后的洋葱倒入碗里，摆上步骤4的面包，撒上荷兰芹。

凯撒沙拉

材料（4人份）

变硬的面包（任何面包都可以）………适量
奶油…………………………少许
凯撒酱

A	白葡萄酒醋…………………1大匙
	盐……………………………1/2小匙
	胡椒…………………………适量
	芥末酱、蜂蜜………………各1小匙
	色拉油………………………3大匙

奶酪粉………………………1大匙
莴苣（切成大块）……………6~7块

how to make

1．把面包切成2cm的方形。

2．用平底锅热油，放入步骤1的面包，用小火煎烤到表面酥脆。

3．把凯撒酱的材料倒入搅拌盆里搅拌混合，最后加入奶酪粉。

4．在碗里摆上莴苣和步骤2的面包，淋上步骤3的酱汁。

山羊奶酪和核桃吐司

材料（2人份）

变硬的长棍面包（P27）…………1/2条
山羊奶酪……………………60g
盐、胡椒……………………各适量
核桃…………………………4块
蜂蜜…………………………2大匙
迷迭香………………………少许

how to make

1．长棍面包纵向对半切开，奶酪切成0.3cm厚的薄片。

2．把奶酪摆在面包上，撒上盐、胡椒，放进烤箱烘烤。

3．烘烤完成后，摆上核桃，淋上蜂蜜，依个人喜好加入迷迭香。

香草烤裸麦面包和白肉鱼

材料（2人份）

香草面包粉

A	大蒜（切碎）…………………1瓣
	荷兰芹（切碎）、芥末酱……各2大匙
	面包粉………………………2/3杯
	橄榄油………………………2大匙

裸麦面包……………………2片（1cm厚）
法式白酱……………………1/2杯
旗鱼…………………………2片

how to make

1．搅拌盆中放入香草面包粉的材料，搅拌混合。

2．面包上涂上法式白酱，摆上旗鱼后，表面撒上步骤1的香草粉。

3．烤箱用220℃预热，烘烤步骤2的面包约10分钟。

面包索引
index

著作权合同登记号

图字：01-2015-7420

JIKASEI RINGO KOUBO DE YAKU PAN by Akiko Yokomori

© 2012 Akiko Yokomori, Mynavi Corporation

Original Japanese edition published by Mynavi Corporation.

This Simplified Chinese edition is published by arrangement with Mynavi Corporation, Tokyo in care of Tuttle-Mori Agency, Inc., Tokyo

Through Beijing GW Culture Communications Co., Ltd., Beijing

图书在版编目（CIP）数据

自己做才安心．一个苹果做面包／（日）横森昭子
著；陈榕榕译. — 北京：北京出版社，2016.10
（优生活）
ISBN 978-7-200-12491-0

Ⅰ．①自… Ⅱ．①横… ②陈… Ⅲ．①面包—制作
Ⅳ．①TS213.2

中国版本图书馆 CIP 数据核字（2016）第 224982 号

优生活
自己做才安心 一个苹果做面包
ZIJI ZUO CAI ANXIN YI GE PINGGUO ZUO MIANBAO
〔日〕横森昭子 著
陈榕榕 译
*
北 京 出 版 集 团 公 司
北 京 出 版 社　出版
（北京北三环中路 6 号）
邮政编码：100120
网　　　址：www.bph.com.cn
北 京 出 版 集 团 公 司 总 发 行
新 华 书 店 经 销
北京博海升彩色印刷有限公司印刷
*
787 毫米×1092 毫米　16 开本　7 印张　150 千字
2016 年 10 月第 1 版　2016 年 10 月第 1 次印刷
ISBN 978-7-200-12491-0
定价：38.00 元
如有印装质量问题，由本社负责调换
质量监督电话：010-58572393
责任编辑电话：010-58572457